本专著受国家自然科学基金项目资助（项目批准号：51468026, 51708486）

The monograph is sponsored by National Natural Science Foundation of China.（No. 51468026, 51708486）

徐变和收缩影响下钢-混凝土组合梁长期力学计算

Long-term mechanical calculation of steel and concrete composite beams caused by creep and shrinkage

Han Chunxiu
韩春秀
著

重庆大学出版社

图书在版编目(CIP)数据

徐变和收缩影响下钢-混凝土组合梁长期力学计算/韩春秀著.--重庆:重庆大学出版社,2018.3

ISBN 978-7-5689-0482-7

Ⅰ.①徐… Ⅱ.①韩… Ⅲ.①钢筋混凝土梁—组合梁—结构力学—计算方法 Ⅳ.①TU375.102

中国版本图书馆 CIP 数据核字(2017)第063217号

徐变和收缩影响下钢-混凝土组合梁长期力学计算

韩春秀 著

策划编辑:林青山

责任编辑:文 鹏 版式设计:莫 西

责任校对:贾 梅 责任印制:张 策

*

重庆大学出版社出版发行

出版人:易树平

社址:重庆市沙坪坝区大学城西路21号

邮编:401331

电话:(023) 88617190 88617185(中小学)

传真:(023) 88617186 88617166

网址:http://www.cqup.com.cn

邮箱:fxk@cqup.com.cn(营销中心)

全国新华书店经销

重庆长虹印务有限公司印刷

*

开本:787mm×1092mm 1/16 印张:9 字数:166千

2018年3月第1版 2018年3月第1次印刷

ISBN 978-7-5689-0482-7 定价:48.00元

前　言

钢-混凝土组合梁在世界各国的桥梁、多高层建筑、多层工业厂房中的应用越来越广，已成为结构体系的重要发展方向之一，具有显著的技术经济效益和广泛的应用前景。组合梁由钢材和混凝土两种性质完全不同的材料组合而成，钢是一种比较理想的均质材料，而混凝土则是一种复杂的多相复合材料，在长期荷载作用下，混凝土会发生徐变、收缩、应力松弛等复杂的耦合现象。其中，徐变的最终应变一般会达到初始应变的1~3倍，而钢材在常温且应力低于屈服强度时不产生徐变，二者之间通过抗剪连接件相连，钢梁会阻止混凝土的徐变变形，导致组合梁内部发生应力重分布，进一步使结构变形发生改变。这对挠度要求比较严格的结构，如轨道交通梁是非常不利的，直接影响结构的使用功能，甚至危及人身安全。在超静定结构中，结构变形的改变会导致约束次内力的产生，增加了应力方程求解的难度；对于预应力组合梁就更复杂了，徐变会引起钢索预应力损失，预应力的损失又会影响组合截面应力，将使预应力组合梁长期受力性能更加复杂。

目前我国的规范还未对组合梁徐变应力重分布的计算进行介绍，相关的文献也很少，不成体系；在国外，见过一些研究的相关报道，但是这些研究不够深入，未达到普遍统一的认识，各国设计规范也未给出相应的计算条款，这方面的理论研究严重滞后于组合梁的应用和发展。因此，提出组合梁徐变应力重分布的计算方法成为亟待解决的问题，准确估计组合梁在徐变作用下的应力重分布大小，预测混凝土的徐变时效行为特征对保证组合梁的耐久性和安全性有着重要的理论意义和实用价值。

通过对组合结构力学计算的多年深入研究，结合数值分析和试验，本书提出了钢-混凝土组合结构在徐变收缩影响下的力学计算方法，具体内容和章节如下：

第1章　绪论

本章提出了研究背景和存在的问题，总结了研究的方法，包括混凝土徐变和收缩的时程关系、考虑徐变和收缩的混凝土本构关系、混凝土徐变和收缩效应的结构分析方法，明确了国内外研究现状及研究意义。

第2章　解析计算——组合梁徐变和收缩效应计算的解析方法推导

本章采用两种方法（内力分配法和直接法）从解析方面系统地推导了组合梁重分布

内力的计算公式,获得了内力分配法的精确解和实用近似解,提出的直接法实用简便,并获得与内力分配法吻合性好的计算结果。

第 3 章　数值模拟——验证解析计算结果和关键影响因素分析

本章通过求解徐变(收缩)本构方程系数,采用 APDL 流程编写,在 ANSYS 中实现了准确模拟混凝土的徐变(收缩)本构关系,并通过算例进行验证。采用解析方法和 ANSYS 对比分析了算例中的相关内容。内力对比(内力分配法与 ANSYS 对比):①混凝土和钢梁各自截面形心处的轴力随时间变化的规律;②混凝土和钢梁各自截面形心处的弯矩随时间变化的规律。变形对比(内力分配法、直接法与 ANSYS 对比):①组合梁跨中挠度随时间变化的规律;②组合梁截面应变随时间变化的规律。提出判别钢梁对混凝土的约束程度的系数,并对不同约束程度的 8 种组合梁截面进行有限元分析,获得了重分布内力和跨中挠度的时随规律。

第 4 章　试验分析——对比解析和数值计算结果及组合梁力学规律分析

本章根据组合梁中钢梁对混凝土约束程度的不同,设计了 4 根简支组合梁;对试验梁进行了为期 300 天的长期力学观测,获得了组合梁混凝土上表面应变、钢梁下表面应变和跨中挠度值;对实测数据的有效性进行分析,获得了能反映组合梁力学性能的有效数据,并对数据进行定性对比分析,得到 4 根试验梁随参数变化的力学规律。根据前面章节推导的解析计算方法和数值分析方法,对试验梁进行计算,并在混凝土上表面应变、钢梁下表面应变和跨中挠度值 3 方面与实测数据对比,验证了解析方法的正确性,揭示了组合梁长期力学变化规律。

本书通过讨论,希望能帮助读者了解钢-混凝土组合梁在受徐变和收缩影响下的力学计算方法,加深对组合梁长期受力特征规律的理解,在工程建设和试验研究工作中能掌握解决相关问题的方法。

本书采用了我近几年来已公开发表及尚未发表的研究成果,并获得国家自然科学基金项目资助(项目批准号:51468026,51708486);本书在编写过程中得到了昆明理工大学周东华教授、宋志刚教授的大力支持和悉心指导,得到了昆明理工大学抗震工程研究实验中心的苏何先老师的实验指导和帮助,在此一并向他们表示衷心的感谢。限于作者的水平,书中难免有不妥之处,欢迎读者批评指正(E-mail:hcx4803@ 163.com)。

作者

2018 年 1 月于昆明

目 录

图目录

表目录

第 1 章　绪　论

钢-混凝土组合梁(Steel and Concrete Composite Beam,简称组合梁)是通过抗剪连接件将钢梁与混凝土板连成整体而共同工作的抗弯构件,通常混凝土板受压而钢梁受拉,充分发挥了两种材料的优势,形成强度高、刚度大、延性好的特点,在世界各国的桥梁、多高层建筑、多层工业厂房中应用越来越广,具有显著的技术经济效益和广泛的应用前景[1-11]。

然而,随着时间推移,混凝土在(长期)荷载作用下会产生徐变(Creep),由于自身的材料特性会引起收缩(Shrinkage),若维持加载的应变不变会导致应力松弛(Stress Relaxation)[2, 12, 13],如图 1.1 所示。

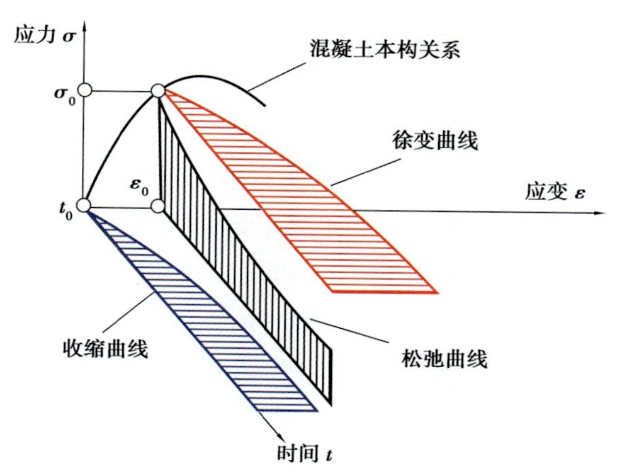

图 1.1　素混凝土三维时程力学曲线

图 1.1 包含了工程应用中的两类问题:一类是徐变、收缩问题;另一类是应力松弛问题。本书研究的是第一类问题。

在混凝土构件中,徐变(收缩)未受到其他外部构件的约束,称为自由徐变(收缩);而组合梁中混凝土的徐变(收缩)受到钢梁的约束,是一种约束徐变(收缩),这种约束变形将导致静定组合梁内部发生截面应力重分布,对于超静定组合梁还会额外引起随时间变化的徐变(收缩)次内力,由此出现结构内力重分布,从而导致最终应力状态的改变。应力重分布的结果使得组合梁中的混凝土板和钢梁截面应力均重新进行调整，同时各自截面的应变和曲率也发生变化，导致组合梁变形（挠度和转角）增大，其值可达弹性变形的数倍之多，这对挠度要求严格的结构（如轨道交通梁）是非常不利的[14-23]。同时，组合梁与一般的钢筋混凝土梁有很大的区别，钢梁的截面面积和抗弯刚度远比混凝土中的钢筋大，对混凝土的约束更大，引起的应力重分布将更加显著，若不能有效地计算应力重分布，将是不安全的[24-26]。

1.1 钢-混凝土组合梁的长期力学性能

组合梁与一般的钢筋混凝土梁一样，要进行承载力极限状态和正常使用极限状态计算。其中，承载力极限状态有弹性和塑性两种计算方法。对于承受动荷载（如吊车梁、桥梁等）较小或组合梁的钢梁板件宽厚比较小（容易失稳）的情况，应采用弹性设计。在进行弹性计算和正常使用极限状态的变形计算时，应充分考虑混凝土的徐变和收缩的影响。国内外规范都作出相应规定：对大跨度、重荷载的混凝土结构必须考虑混凝土徐变问题[27]。然而，如何准确又方便地计算组合梁由徐变和收缩引起的应力重分布以及由此产生的一系列的结构效应，至今仍未得到较好解决。

我国目前还未见相关规范对组合梁徐变应力重分布的计算进行介绍，相关的文献也很少，不成体系。现行的规范[28]是通过降低混凝土弹性模量的方法来考虑组合梁的荷载长期效应，这种处理方法过于简单粗略，不能很好地反映组合梁实际应力和应变的变化。研究表明[13, 24, 25, 27, 29, 30]，混凝土的徐变受到很多内在因素（如水泥品种、水胶比、骨料、构件尺寸等）和外部条件（如环境的温度和湿度，加载的龄期和荷载持续时间等）影响，在组合梁中还受到钢梁以及支座的约束作用。我国不同地区的自然环境条件相差很大，结构的约束条件互不相同，用一个统一粗略的降低系数来考虑混凝土徐变的影响是不合理的，对结构尤其是复杂结构的应力计算将带来很大的误差[30]。

在国外，已有一些相关研究的报道，但是不够深入，未达到普遍统一的认识，各国设计规范针对"组合梁徐变应力重分布计算"的内容至今空缺，这方面的理论研究严重滞后于组合梁的应用和发展。因此，提出组合梁徐变和收缩应力重分布的有效计算方法成为亟待解决的问题，它对预估组合梁长期使用中可能出现的危害、完善组合梁徐变和收缩效应的计算理论有重要的意义和实用价值[31-40]。

解决组合梁的徐变和收缩的应力重分布效应问题，要涉及3方面的内容：①明确混凝土徐变和收缩随时间变化的关系；②建立相应的本构关系；③利用本构关系、变形协调和平衡条件形成组合梁三大基本控制方程进行结构的效应分析，通过边界条件进行求解。如图1.2所示。

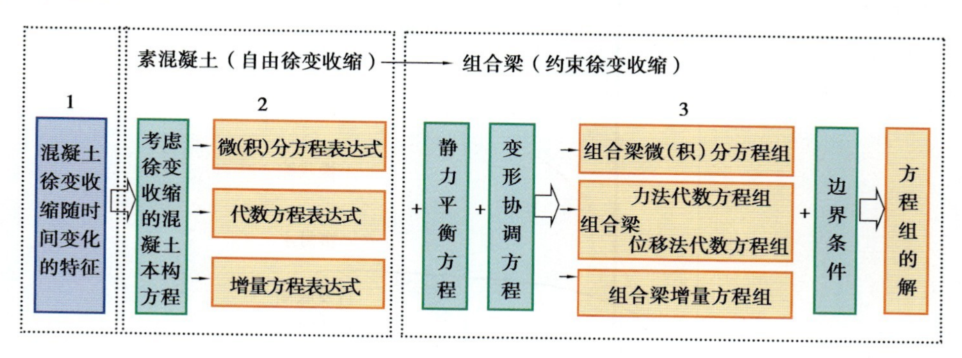

图1.2 分析组合梁徐变和收缩应力重分布的整体思路

图1.2中的第1和第2方面至今已累积了较成熟的研究成果，可直接采用，而第3方面的研究成果很少，也是本书研究的核心内容。这3部分的每一步计算都将影响最终结果的准确性和可靠性，为了对其有清晰的认识，下面对每个部分取得的研究成果和进展作简要叙述。

1.1.1 混凝土徐变和收缩的时程关系曲线

此部分的研究已经很成熟，已获得大量的理论和试验成果[12, 13, 25, 27, 41-43]。对于徐变的机理和行为，普遍认同的特点是：在常应力作用下，混凝土时程总应变由加载即出现的弹性应变（瞬时弹变）和徐变组成；徐变又由两部分组成，即卸载后不可恢复的塑性应变（徐塑应变）和可延迟恢复的弹性应变（滞后弹变），如图1.3所示。收缩主要由干燥收缩所致，其余的自发收缩和碳化收缩只占很小的比例，由试验可获得收缩时程曲线，如图1.4所示。这些曲线除了表现出混凝土徐变受材料内部的特性（水泥品种、水胶比、混凝土的几何尺

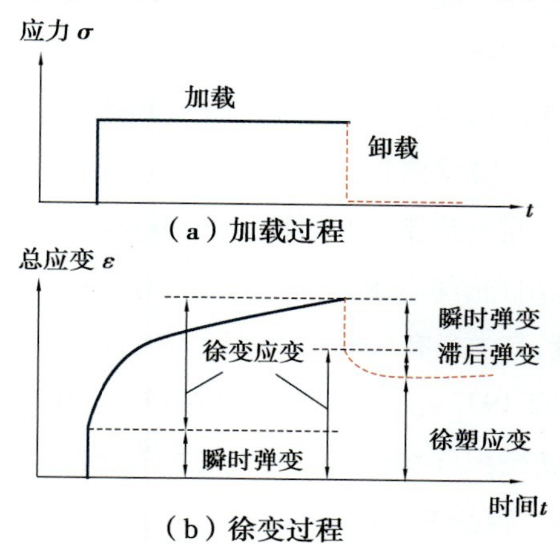

图1.3 混凝土徐变应变-时间关系曲线

寸等)影响外,还反映了外在条件(环境的湿度和温度、加载的龄期和方式等)的影响。各国规范给出了计算徐变和收缩时程曲线的数学表达式[28, 44-53],由这些表达式可以计算徐变系数和收缩应变。

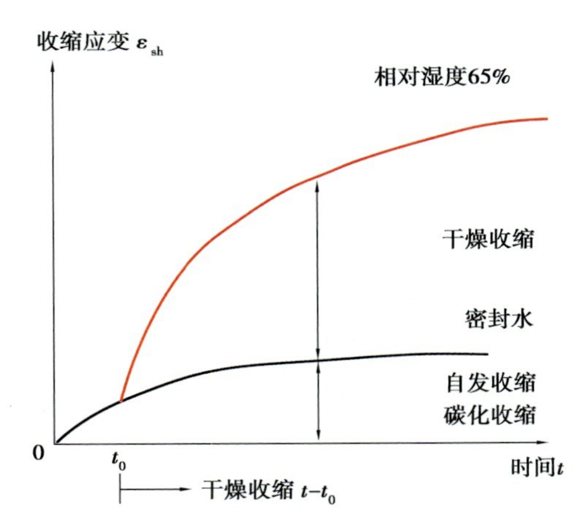

图 1.4　混凝土收缩应变-时间关系曲线

1.1.2　考虑徐变和收缩的混凝土本构关系

混凝土本构关系由 3 部分组成,分别是瞬时弹性本构、徐变本构和收缩本构。关键是建立徐变本构关系,收缩与应力无关,为了简化计算,通常假定收缩发展速度和徐变相同[54-57]。

由试验通常只能得到常应力(通常 $\sigma_0=1\ \text{N/mm}^2$)作用下的徐变时程曲线,而变应力的徐变时程曲线很难由试验获得,但是可以观察到:当混凝土的应力不大于其强度的 0.4~0.5 倍时,混凝土的徐变行为近似于一种粘弹性材料,应力与应变呈线性关系,可以用粘弹性材料的波尔兹曼(Boltzmann)叠加原理来构建变应力作用下的混凝土徐变本构关系,而由此建立的方程是 Stieltijes 积分方程,属于非连续函数积分,求解较为复杂,难以应用和解析求解。为了寻求和建立方便应用的徐变本构关系,前人曾有很多尝试和假设,其中最有代表性的是以下 4 种:

①1937 年,迪辛格尔(Dischinger H)[58]提出了徐变速率与加载龄期无关的简化假设,使得积分本构方程可转化为微分本构方程,并成为最早能实际求解徐变问题的本构方程。该法的假设意味着,混凝土的徐变变形随着加载龄期推后会大为减小(常称老化理论),对于加载龄期很晚的混凝土会低估最终徐变值。另外,该法的徐变不含滞后弹变,卸载时会高估徐变变形。该方法也称为徐变率法,即 RCM 法(Rate of Creep

Method)。

②1963 年,吕休(Rüsch F)[59]对迪辛格尔的假设进行了修正,将本构方程中徐变系数分解为两项,即徐塑应变和滞后弹变。该方程也称为改进的迪辛格尔微分方程,即 IDM 法(Improved Dischinger Method)。虽然用吕休本构求解得到的结果更接近实际,但仍然是微分方程,求解十分不便。

③1967 年,特劳斯德(Trost H)[60]通过计算积分方程引入"松弛系数(Relaxation Coefficient)",并假定弹性模量为常数,推导了应变增量和应力增量之间的代数方程本构关系,使徐变问题计算大大简化,可以说这是对徐变计算的一次革新。

④1972 年,巴增(Bazant Z P)[61]对特劳斯德的计算公式进行了论证和扩展,将它推广应用于弹性模量随时间变化的情况,并将特劳斯德的"松弛系数"改称为"老化系数(Aging Coefficient)"。该法称为龄期调整有效模量法,即 AEMM 法(Age-Adjusted Effective Modulus Method)。该方法除了考虑弹性随时间变化外,与 Trost 的方法没有本质区别。

国际上通常将特劳斯德-巴增的方法称为 TB 法(Trost-Bazant Method)。1981 年,我国建筑科学研究院的陈永春[12]将应力-应变积分方程关系用积分中值定理转化为代数方程,提出了"中值系数法",但该法没有像 TB 法那样得到广泛的认同和应用。除了微分本构和代数本构外,还有用增量形式表达的本构关系,此类本构关系适合于数值计算。

概括地说,迪辛格尔理论和吕休理论是根据徐变时程关系得到的解析函数,所建立的微分方程可以获得解析解,但求解过程比较复杂;特劳斯德理论和巴增理论的代数本构方程分别需要基于徐变函数先求得松弛系数和老化系数,用这些系数反映的徐变本构关系虽然是一种近似,但使得计算简化了很多。这 4 种混凝土的徐变本构关系仍将是计算徐变问题的基础,各国规范未给出混凝土徐变本构关系,仅是给出了在单位常应力作用下的徐变时程关系,需要结合结构的实际情况考虑适合的本构方程。

1.1.3 混凝土徐变和收缩效应的结构分析方法

混凝土徐变和收缩的时程效应关系为建立混凝土的徐变本构关系奠定了基础,混凝土的徐变本构关系又为徐变问题的结构分析提供了先决条件,其采用的结构层次分析方法大致有图 1.5 中的几种。

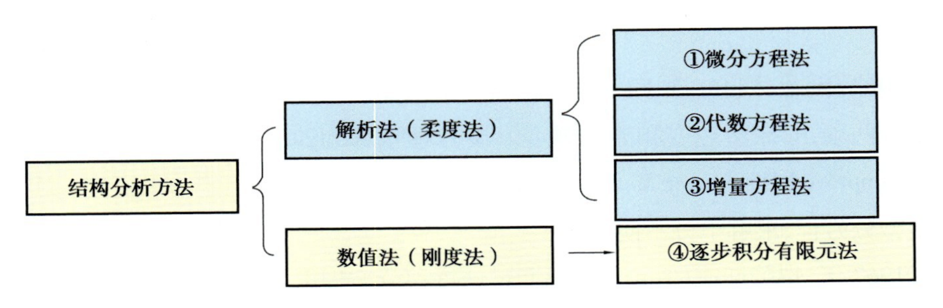

图 1.5　混凝土徐变和收缩效应的结构分析方法

解析法中常以徐变应力或徐变内力为未知量，结合本构关系和平衡条件建立变形相容条件进行求解；而数值法则多以徐变位移或徐变应变为未知量，利用本构关系和变形相容关系建立平衡条件来求解。图 1.5 中的几种方法各有特点：

①微分方程法：由微分本构关系得到梁的微分方程，微分方程的数量与未知量的数量相同，当有两个或两个以上的微分方程需联立求解，求解变得复杂和困难，因而能求解的徐变问题有限。

②代数方程法：由徐变的代数本构关系得到结构的徐变方程，代数方程的数目与未知量的数目相同。该法虽比求解微分方程法简单了很多，但当未知量增加很多时，求解难度加大，不便于手工计算。

③增量方程法：用增量形式的本构关系，并将徐变和收缩的过程分隔成若干时间间隔，求解每一时间间隔内的应力或内力。该法逐渐被以应变或位移为未知量的刚度法所取代。

④逐步积分有限元法：常用增量形式的本构关系，同样将徐变和收缩的过程分隔成若干时间间隔，求解时间间隔上的应变和变形，适合于受力过程复杂的问题，如持续荷载不断变化、结构分段浇筑、结构体系转换、混凝土的收缩或基础下沉的发展速度与徐变相差较大等情况。该法数值计算量大，需用计算机编程，精度的提高可通过时间间隔和结构单元的细分来实现[16, 17, 62-69]。

1.2　目前存在和待解决的问题

1.1 节提到的 4 种结构分析方法能用于钢筋混凝土结构，也能用于组合梁的徐变问题计算。但由于组合梁是一种相对较新的结构形式，这些方法的研究和运用还不多，尤其是解析法在组合梁上的运用更少。本书的重点是从组合梁徐变和收缩问题的解析计算理论方面进行深入的研究，辅以数值模拟和试验进行对比计算。由于徐变问题的复杂性，结构内外因素对理论推导和计算均有影响，目前还存在较多问题需解决。

1）直接作用

组合梁受常应力或是变应力（随时间变化的）作用。工程结构中，尤其是组合桥梁结构中的混凝土应力是经常变化的，选取什么样的变应力方式能更好地代表一些初始荷载应力的变化，是随时间呈线性变化还是假设与徐变系数的变化成比例，这些都需要进一步分析。静定组合梁在常应力或变应力的作用下，虽然总截面（全截面）上的内力不会发生改变，但各自截面（混凝土板、钢梁）间会出现应力重分布（自平衡应力）。对于超静定组合梁还会引起次应力和次内力，次内力又会再次引起截面间的应力重分布，对应不同的应力作用（常应力或变应力）和不同支座约束（静定或超静定）需要在求解过程中加以考虑。

2）间接作用

间接作用（除温度作用外）多为强制变形作用，如支座沉降，包括快速沉降（沙土地基）和缓慢沉降（粘土地基）。间接作用对超静定组合梁会引起截面内力（初始内力），在初始内力作用下，混凝土板要发生（约束）徐变、截面应力和（超静定）内力重分布。另外，徐变还会使得混凝土板的刚度降低，刚度的降低又会减小由强制变形引起的初始内力（因强制变形引起的内力与刚度有关），计算中要分析最终由于徐变的作用初始内力还会剩下多少，徐变引起的截面应力和内力的重分布计算意义还有多大。

3）施工方法

桥梁中悬臂法和顶推法施工都是分段浇筑混凝土，混凝土的新老之别带来徐变性能的不同，除了钢梁对混凝土徐变的约束外，新旧混凝土之间也存在相互约束。另一方面，这些施工方法还会导致结构体系的改变（静定变为超静定，低次变为高次超静定），这些都是使组合梁内徐变不均匀的因素。钢梁约束不均匀的徐变与约束均匀的徐变所产生的应力重分布会不同，是否还能用解析方法来解决这类问题的计算，目前还未见到这方面的尝试和相关报道。

4）界面滑移

实际工程中梁板之间的滑移是存在的，尤其是徐变加剧了滑移的程度，而界面滑移又会引起组合作用减小，即引起各自截面（混凝土板、钢梁）的内力和应力增加，这些内力和应力的增大又会带来徐变的增加。界面滑移对组合梁的徐变影响到底有多大，目前是不清楚的。通常描述界面滑移是用界面控制微分方程，而按微分方程法描述徐变作用需要两个微分方程，一个由截面任意纤维处的轴向变形相容条件获得，另一个由曲率相容条件获得，能否通过三个微分方程联立求解来获得滑移和徐变耦合的效应还应进一步深入分析。

5）预应力

预应力组合梁受力比普通结构复杂得多，既有与普通钢结构类似的强度、刚度和疲劳问题，又有与普通组合梁类似的剪力连接、次内力问题，还有与预应力混凝土结构相似的预应力、锚固与防腐问题。长期的收缩徐变作用更增加了结构的耦合程度，计算方法随施工方法不同而不同。组合梁常见的有两种施加预应力的方式：一是张拉高强钢筋或钢索并且锚固到钢构件上，即体外预应力技术；二是梁反拱状态下在钢梁上下翼缘贴焊高强钢板，然后解除约束，钢梁回弹，贴焊的高强度板限制了钢梁的回弹，能在钢梁中建立一定的预应力，即预弯曲法。这两种形式的施工方法不同，所以收缩徐变应力重分布的计算方法也应该有所区别，使用过程中该如何考虑预应力损失和徐变的耦合作用是研究的重点。

6）数值模拟

实践中可采用有限元软件计算和分析，如大型商业软件，但有限元软件中包含的单元位移模式（形函数）及本构关系决定了计算结果的质量与精度。另外，计算结果还会受到使用者对软件了解和使用熟练程度的影响，如果没有检验有限元计算结果的计算手段，存在的安全隐患是可想而知的。

7）试验验证

单纯的理论推导说服力不强，应考虑适当的试验验证。徐变对组合梁性能影响的计算是十分复杂的问题，在这些问题中包含了相当数量的不定因素，几乎所有影响徐变的因素连同它们产生的结果本身就是随机变量。为了获取这些参数，试验的工作量非常大。同时，徐变属于长期力学性能，费时很长，因此组合梁的长期荷载试验实现起来是很困难的。目前，国内外可参考的试验研究文献也很少，如何结合理论研究设计出合理的试验方案成为试验成败的关键。

上面提到的问题有的属于徐变效应计算问题,有的属于探知徐变作用下组合梁受力现象的问题,无论是对哪一类问题的研究都还相对匮乏,尤其是解析计算方面,至今还没有相应成熟的解析算法[5, 19, 31, 33, 37, 39, 65, 67, 68, 70-79]。

1.3 国内外研究现状

目前,国内外对混凝土徐变行为开展了大量研究,获得了大量的试验曲线,在此基础上提出了多种描述素混凝土徐变应力-应变的本构关系的假设或理论[2, 12, 13],如老化理论(徐变率法)、弹性徐变理论(叠加法)、弹性老化理论(流动率法)、继效流动理论、龄期调整有效模量法等。这些理论大多用于计算钢筋混凝土和预应力钢筋混凝土结构,用于计算组合结构的较晚较少,国内外有代表性的研究有:

国外,Lliopoulos A[55](德国,2005)系统地介绍了考虑徐变、收缩的组合梁应力计算,并结合德国常用组合梁列出实用的参数;Macorini L 等[80](意大利,2006)提出了一种针对组合梁徐变计算的有限元算法,并举例分析了徐变对结构的影响; Gara F 等[81](意大利,2006)针对部分剪切连接的组合梁进行徐变效应分析,提出一种数值模型计算方法;Sullivan R W 和 Ranzi G 等[32,71, 82-85](澳大利亚,2006—2013)对简支组合梁进行了长期足尺试验,试验结果用有限元进行对比分析,获得了徐变分析模型;Liu Xinpei 和 Erkmen R E[31, 86]等(澳大利亚,2011—2013)对组合梁的徐变效应进行了试验和理论分析,并指出徐变和收缩对结构的变形影响较大。Arangjelovsk T 和 Ban H[2, 4, 21-23]等分析了组合梁在不同荷载作用下以及滑移情况下的徐变效应(南斯拉夫,巴西等,2014—2015)。

国内,周履[12](华南理工大学,1994)系统地分析了叠合梁因收缩徐变差所导致的内力重分布计算;陈德坤[25](同济大学,2006)分别用 AEMM 法和 RCM 法进行了组合梁短期和长期效应分析,研究了混凝土徐变系数与构件的时程应力重分布;樊建生等[78, 87](清华大学,2009)通过4根组合梁的长期荷载试验,研究混凝土收缩、徐变和开裂对组合梁长期受力性能的影响,并指出收缩、徐变对组合梁的受力性能有显著;聂建国等[88](清华大学,2010)为降低混凝土收缩徐变效应,介绍了一种改进型斜拉桥组合桥面系;王文炜等[62](东南大学,2010)采用随时间变化的换算弹性模量法建立了组合梁混凝土收缩徐变的增量微分模型,获得了内力、变形以及钢-混凝土界面滑移等各项力学性能指标的闭合解;程海根等[89](华东交通大学,2011)采用差分法分析了简支组合梁在均布荷载作用下的应力历程，并对连接件刚度、环境湿度等因素作了分析；陈德伟等[90]（同济大学，2012）进行了考虑剪力滞后效应结合梁的长期性能计算，利用该计算方法，可以减小剪力滞后效应对杆系模型计算结果带来的误差；向天宇等[91]（西南交通大学，2014）对钢-混凝土组合梁收缩徐变效应进行了随机分析，研究了组合梁挠度和应力时变效应的概率问题；刘沐宇等[9]（武汉理工大学，2015）进行了考虑温度和湿度变化的钢-混组合连续梁桥徐变效应分析，为合理、可靠进行桥梁结构的徐变效应分析提供了一种新方法。

概括地说，国内外的研究资料表明[1-11, 18-22, 77, 91-95]：在组合梁徐变和收缩效应的解析计算方面虽有一些学者提出了计算方法，但往往是针对某项工程或某种荷载类型进行的尝试，缺乏代表性，且计算表达式均过于冗繁，使用起来较困难和不便；针对组合梁徐变和收缩作用的数值分析方面有较多的参考资料，但混凝土本构关系的建立和在计算机中实现的关键问题仍需要根据实际情况进行分析。另一方面，由于进行组合梁长期荷载试验相对困难，所获得的试验资料也较为匮乏，通过试验对组合梁的徐变行为的认知也很有限。因此，研究组合梁徐变和收缩效应的计算理论以及通过有限元和试验分析来揭示和认知组合梁的徐变和收缩的力学规律仍是亟待完成的工作。

由于组合梁是相对较新的结构类型，无论是理论计算方法还是试验研究都还没有很成熟地解决前面提到的诸多问题，未能解释徐变和收缩在组合梁上的诸多复杂受力行为。本书的研究旨在建立和推导出能计算组合梁徐变和收缩效应的行之有效又方便的计算方法，实现这一目标则会产生以下方面的积极意义：

①解决目前尚无成熟方便的解析计算方法的窘境；

②提供能检验有限元软件分析结果的计算手段，减少由于盲目使用软件计算结果而可能出现的安全隐患；

③扩展和完善组合梁的计算理论，为将来制定技术标准的相关内容提供理论依据；

④对预估组合梁长期使用中可能出现的危害，完善组合梁的长期力学计算理论有重要的意义和实用价值。

同时，本书已获得国家自然科学基金资助，通过进行组合梁徐变和收缩的长期试验，首先可以对理论研究成果加以检验，其次可进一步探寻徐变和收缩在组合梁上的各种复杂受力行为及表现，弄清其内在规律，由此而获得的知识又可为组合梁日益广泛的工程运用提供有价值的建议和参考。

第2章 解析计算——组合梁徐变和收缩效应计算的解析方法推导

2.1 计算中采用的基本理论和参数

关于混凝土徐变和收缩机理的各种理论和假设，迄今为止还没有一种被广泛接受，相关的函数和混凝土本构方程也存在不同理论和表达式，各国规范也因此各不相同。本书在采用徐变和收缩基本理论时均考虑了各参数的普遍接受性、代表性和实用性，尽可能较全面地反映混凝土徐变和收缩的复杂力学特征。

2.1.1 基本假定

混凝土在刚浇筑时是流态的，以后随着龄期的增加而逐渐硬化，因此混凝土的变形不但与持荷时间有关。还与加荷龄期有关。早龄期加荷变形大，晚龄期加荷变形小，这是混凝土徐变问题与一般弹性徐变体的主要区别所在，也是混凝土徐变问题的难点所在[96]。

混凝土是一种非线性材料，徐变是其非线性特征的一种表现形式。严格来说，应该采用非线性徐变准则来预测混凝土结构的徐变变形。但目前非线性徐变理论还没有达到实用的地步，人们常常近似地认为在满足一定条件下，徐变与应力呈线性关系，并满足叠加原理。随着徐变试验数据的增加和更长时间数据的提供，在以下假定条件下，实测结果与叠加原理(或者线性关系)非常接近。本书建立的模型仅考虑正常使用状态下的组合梁，计算过程基于以下假定：

①钢梁和混凝土均处于弹性工作阶段，且混凝土在整个受力阶段未开裂，其应力水平低于抗压强度的50%。

②忽略钢梁与混凝土板之间水平方向的滑移和竖直方向的掀起，组合截面应变分

布满足平截面假定。

③满足波茨曼(Boltzmann)叠加原理。该原理扩展了线性本构叠加原理的范围,即每一应力增量可作为独立的荷载来处理,其引起的变形可相互叠加。

④混凝土翼板中的钢筋不作单独考虑,与钢梁一起作为钢的一部分;托板面积忽略不计,以简化计算。

⑤收缩发展的速率与徐变发展速率相同。

⑥轴力、应力、应变以拉伸为正,弯矩以使构件截面上部受压、下部受拉为正,反之为负。

2.1.2 徐变系数与收缩应变

1)徐变系数

混凝土在某时刻的应变为初始弹性应变、徐变应变和收缩应变的总和[24],即

$$\varepsilon_c = \varepsilon_0 + \varepsilon_{cr} + \varepsilon_{sh} \tag{2.1}$$

式中 ε_c——混凝土的总应变;

ε_0——混凝土的瞬时弹性应变;

ε_{cr}——混凝土的徐变应变;

ε_{sh}——混凝土的收缩应变。

混凝土在长期荷载作用下,变形随时间增长的现象称为徐变[30]。徐变的性能常用徐变系数 $\varphi(t,t_0)$ 表示,该系数在国际上存在两种定义,一种是:

$$\varepsilon_{cr}(t,t_0) = \frac{\sigma_c(t_0)}{E_{c(28)}} \cdot \varphi(t,t_0) \tag{2.2}$$

式中 $\sigma_c(t_0)$——t_0 时刻作用于混凝土的常应力;

$\varepsilon_{cr}(t,t_0)$——从 t_0 时刻开始加载,到 t 时刻所产生的徐变应变;

$E_{c(28)}$——混凝土第 28 天的弹性模量;

$\varphi(t,t_0)$——加载龄期为 t_0,计算考虑龄期为 t 时的混凝土徐变系数。

欧洲规范多采用该表达式,如 CEB-FIP、英国 BS 5400 规范、Eurocode4 等[44-47],我国规范也采用这种方式。另一种定义是:

$$\varepsilon_{cr}(t,t_0) = \frac{\sigma_c(t_0)}{E_{c(t_0)}} \cdot \varphi(t,t_0) \tag{2.3}$$

式中　$E_{c(t_0)}$——混凝土 t_0 时刻的弹性模量。

北美规范多采用该式，如美国公路桥梁设计规范（AASHTO）、美国 ACI 209 委员会报告等[50, 51]。

本书采用第一种定义形式，即式（2.2）。

目前，国际上对徐变系数的计算也存在着不同的数学表达式。其中一类是将徐变系数表达为若干系数的乘积，每一个系数代表某个影响因素，每一种系数可通过试验数据形成的图表查到或通过相关公式计算。采用该表达式的有欧洲 FIP-Model Code（2010）[46]、CEP-FIP（1990）[53]、英国桥梁规范 BS 5400 及美国 ACI 902 委员会报告[51]等；我国现行的《公路钢筋混凝土及预应力混凝土桥涵设计规范（JTGD62—2004）》[48]（以下简称桥规 JTGD62）也采用该形式。

另一类则将徐变系数表达为各分项系数之和[12]，每一项系数的性质各不相同。CEB-FIP（1978）、西德 DIN4227（1973）预应力混凝土指南与日本《混凝土结构设计规范》均采用此规定；我国现行的《铁路桥涵钢筋混凝土和预应力混凝土结构设计规范》（TB10002.3—2005）也采用该形式。

概括而言，欧洲规范中规定的徐变系数综合考虑了加载龄期、混凝土抗压强度、环境湿度、构件理论厚度等因素的影响，对混凝土徐变的描述和定义更能反映其力学特征。考虑到我国现行的桥规 JTGD62 是根据欧洲 CEP-FIP（1990）建立的模型，且经过对比，混凝土等级小于 C50 时，这两种规范的徐变系数相差非常小，同时我国的规范是结合本国的实际需求及特点编制的，在国内更具有适用性。因此，本书在理论计算中采用的徐变系数计算公式参考我国桥规 JTGD62[48] 中的公式，即

$$\varphi(t,t_0)=\varphi_0\cdot\beta_c(t-t_0)$$

$$\varphi_0=\varphi_{RH}\cdot\beta(f_{cm})\cdot\beta(t_0)$$

$$\varphi_{RH}=1+\frac{1-\dfrac{RH}{RH_0}}{0.46\left(\dfrac{h}{h_0}\right)^{\frac{1}{3}}}$$

$$\beta(f_{cm})=\frac{5.3}{\left(\dfrac{f_{cm}}{f_{cm0}}\right)^{0.5}}$$

$$\beta(t_0)=\frac{1}{0.1+\left(\dfrac{t_0}{t_1}\right)^{0.2}}$$

$$\beta_c(t-t_0)=\left[\frac{\dfrac{t-t_0}{t_1}}{\beta_H+\dfrac{t-t_0}{t_1}}\right]^{0.3}$$

$$\beta_H=150\left[1+\left(1.2\frac{RH}{RH_0}\right)^{18}\right]\frac{h}{h_0}+250\leqslant 1\,500$$

$$RH_0=100\%$$

$$h_0=10\ \text{mm}$$

$$t_1=1\ \text{d}$$

$$f_{cm0}=10\ \text{MPa} \tag{2.4}$$

式中 φ_0——名义徐变系数；

$\beta_c(t-t_0)$——加载后徐变随时间发展的系数；

t_0——加载时的混凝土龄期，d；

t——计算考虑时刻的混凝土龄期，d；

f_{cm}——强度等级 C20～C50 混凝土在 28 d 龄期时的平均立方体抗压强度（MPa），$f_{cm}=(0.8f_{cu,k}+8)$ MPa；其中，$f_{cu,k}$ 为龄期 28 d，具有 95%保证率的混凝土立方体抗压强度标准值（MPa）；

φ_{RH}——环境湿度影响系数；

RH——环境年平均相对湿度，%；

h——构件理论厚度（mm），$h=2A/u$，A 为构件截面面积，u 为构件与大气接触的周边长度。

2）收缩应变

收缩虽不由应力产生，但是当混凝土的收缩受到钢梁的约束时，将导致结构中的应力和曲率变化。在实际结构中，徐变和收缩往往合在一起考虑，因为这两者之间有许多共性，除了“应力因素”外，几乎所有影响因素都相同。一些国家的规范为了简化计算，假设收缩发展速度与徐变相同。本书也采用该假定，即

$$\varepsilon_{sh}(t,t_s)=\frac{\varepsilon_{sh}(\infty)}{\varphi(\infty,t_0)}\cdot\varphi(t,t_0) \tag{2.5}$$

本书的收缩应变数学表达式同样采用我国桥规 JTGD62 的公式，即

$$\varepsilon_{sh}(t,t_s)=\varepsilon_{cs0}\cdot\beta_s(t-t_s)$$

$$\varepsilon_{cs0}=\varepsilon_s(f_{cm})\cdot\beta_{RH}$$

$$\varepsilon_s(f_{cm})=\left[160+10\beta_{sc}\left(9-\frac{f_{cm}}{f_{cm0}}\right)\right]\cdot 10^{-6}$$

$$\beta_{RH}=1.55\left[1-\left(\frac{RH}{RH_0}\right)^3\right]$$

$$\beta_s(t-t_s)=\left[\frac{\dfrac{t-t_s}{t_1}}{350\left(\dfrac{h}{h_0}\right)^2+\dfrac{t-t_s}{t_1}}\right]^{0.5} \tag{2.6}$$

式中　$\varepsilon_{sh}(t,t_s)$——收缩开始龄期为 t_s，计算考虑龄期为 t 时的收缩应变；

ε_{cs0}——名义收缩系数；

$\beta_s(t-t_s)$——收缩随时间发展的系数；

t_s——收缩开始时的混凝土龄期(d)，可假定为 3~7 d；

β_{sc}——依水泥种类而定的系数，对一般的硅酸盐类水泥或快硬水泥，$\beta_{sc}=5.0$；

式中 f_{cm}，f_{cm0}，RH，RH_0，h，h_0，t_1 的意义及取值和式(2.4)相同。

2.1.3　徐变(收缩)本构方程

1.1 节介绍了目前国际上最具代表性的混凝土徐变收缩本构方程，根据国际上相对普遍的接收性和适应性原则，本书采用两种本构方程进行对比求解，分别通过微分方程和代数方程建立徐变本构关系。一种是以迪辛格尔(Dischinger H)理论为代表的微分本构方程，即徐变率法(Rate of Creep Method，RCM 法)；另一种是以特劳斯德-巴增(Trost-Bazant)理论为代表的代数本构方程，即龄期调整有效模量法（Age-Adjusted Effective Modulus Method，AEMM 法）。

1)微分本构方程——徐变率法[97]

徐变率法基于假定徐变随时间的变化率独立于加载龄期 t_0，它仅取决于当前应力和徐变系数变化率，对于某一加载龄期为 t_0 的混凝土，由该方法推导的一阶微分本构方程是：

$$\mathrm{d}\varepsilon(t)=\frac{1}{E_{c(t_0)}}\cdot\mathrm{d}\sigma(t)+\frac{1}{E_{c(28)}}\cdot\sigma(t)\cdot\mathrm{d}\varphi(t)+\mathrm{d}\varepsilon_{sh}(t) \tag{2.7}$$

式中　$\mathrm{d}\varepsilon(t)$——从 t_0 开始加载到 t 时刻，在 $\mathrm{d}t$ 微量时间内混凝土的总应变增量；

$d\sigma(t)$——从 t_0 开始加载到 t 时刻,在 dt 微量时间内混凝土的应力增量;

$d\varphi(t)$——从 t_0 开始加载到 t 时刻,在 dt 微量时间内混凝土的徐变系数增量;

$d\varepsilon_{sh}(t)$——从开始收缩到 t 时刻,在 dt 微量时间内混凝土的收缩应变增量。

以吕休理论为代表的本构方程与式(2.7)基本相同,只是将徐变系数 $\varphi(t)$ 的算法进行了改进。

2)代数本构方程——龄期调整有效模量法[97]

该方法是国际上最广泛采用的方法。迄今为止,世界上最完整的关于钢-混凝土组合结构规范——《欧洲规范 4》也引用该方法。欧洲组织 FIP-Model Code (2010)[46] 有较完整的表达,对于某一加载龄期为 t_0 的混凝土,本构关系为:

$$\varepsilon(t)=\frac{\sigma_c(t_0)}{E_{c(t_0)}}+\frac{\sigma_c(t_0)}{E_{c(28)}}\varphi(t)+\sum\frac{\sigma_c(t)-\sigma_c(t_0)}{E_{c(28)}}\cdot[1+\rho(t)\cdot\varphi(t)]+\varepsilon_{sh}(t) \tag{2.8}$$

式中 $\varepsilon(t)$——从 t_0 开始加载到 t 时刻,混凝土的总应变;

$\varepsilon_{sh}(t)$——从开始收缩到 t 时刻混凝土的收缩应变;

$\sigma_c(t_0)$——t_0 时的混凝土应力;

$\sigma_c(t)$——t 时刻的混凝土应力;

$\rho(t)$——龄期调整系数,也叫老化系数。

2.2 内力分配法

分析思路:如图 2.1 所示,以典型的组合梁截面为研究对象,在一个计算宽度内,组合梁截面形心处的内力为弯矩 M_0 和轴力 N_0。组合梁由混凝土板和钢梁组合而成,为了求各自截面的应力变化,可以把组合截面的内力 M_0 和 N_0 分配到各自截面形心处,再根据变形协调关系求得各自截面的应力改变值。

由于该截面是在组合梁中任意截取的截面(基本假定范围内),适用性非常广。作为一般组合梁结构,截面形心处的内力只有 M_0,当组合梁为框架梁时,截面形心处的内力为 M_0 和 N_0;当组合梁为静定结构时,M_0 和 N_0 不随时间而改变,当组合梁为连续梁等超静定结构时,M_0 和 N_0 随时间而变化。根据不同的约束形式和荷载类型给定组合梁截

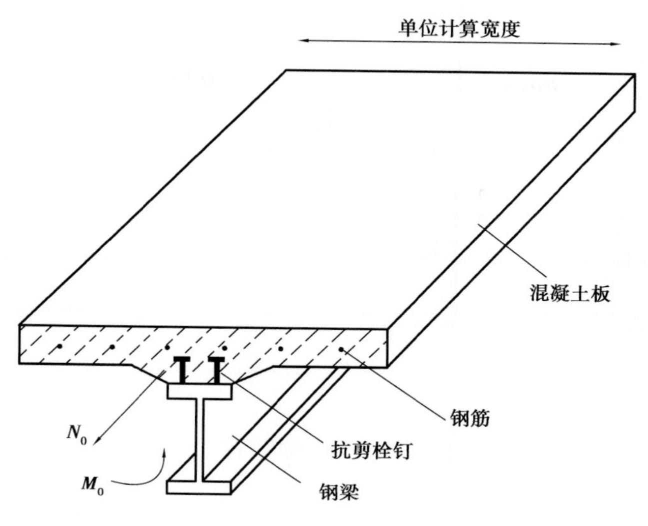

图 2.1　组合梁典型计算截面

面形心处的内力值，就能算出混凝土板和钢梁各自截面的初始内（应）力、重分布内（应）力和最终内（应）力。本书分别建立微分方程（RCM 法）和代数方程（AEMM 法）进行求解。

2.2.1　内力分配法推导过程

如图 2.2 所示，组合梁为静定结构，如简支组合梁中，混凝土的徐变和收缩仅受到钢梁内部的约束作用，截面内部应力重新调整，截面外部内力不变，即在组合梁截面形心处受到的初始内力 M_0 和 N_0 为常数，不随时间变化。对于预应力组合梁，预应力损失实际上也是内部应力重分配的一种，本书推导的方法也适用于预应力组合梁的徐变计算。

1）微分方程（RCM 法）精确求解

推导过程以组合梁受弯矩 M_0 和轴力 N_0 共同作用的情况为研究对象，两种内力产生的影响可以叠加。

（1）截面初始内力分配

加载初始 t_0 时或收缩初期 t_s 时混凝土不受徐变（收缩）影响，为方便计算，令 $t_0=t_s$；组合梁截面形心处的弯矩 M_0 和轴力 N_0 分配到混凝土板和钢梁各自截面的内力如图2.3所示。

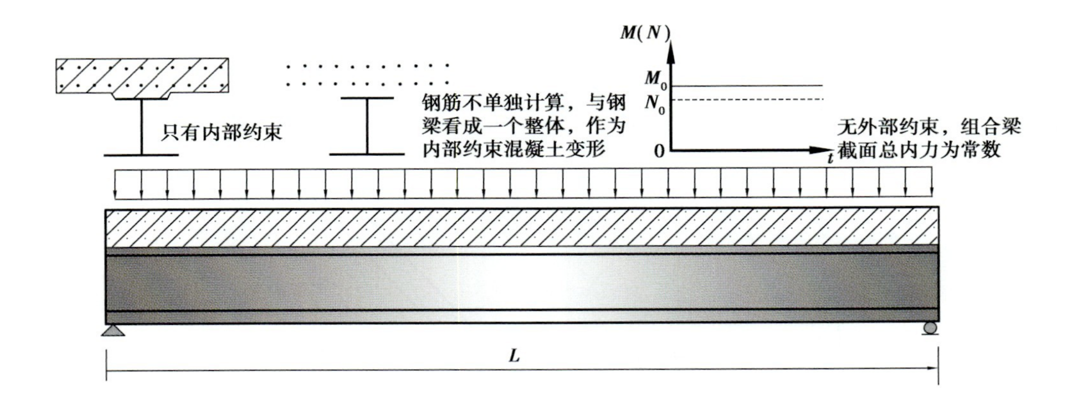

图 2.2 静定组合梁徐变和收缩效应计算简图

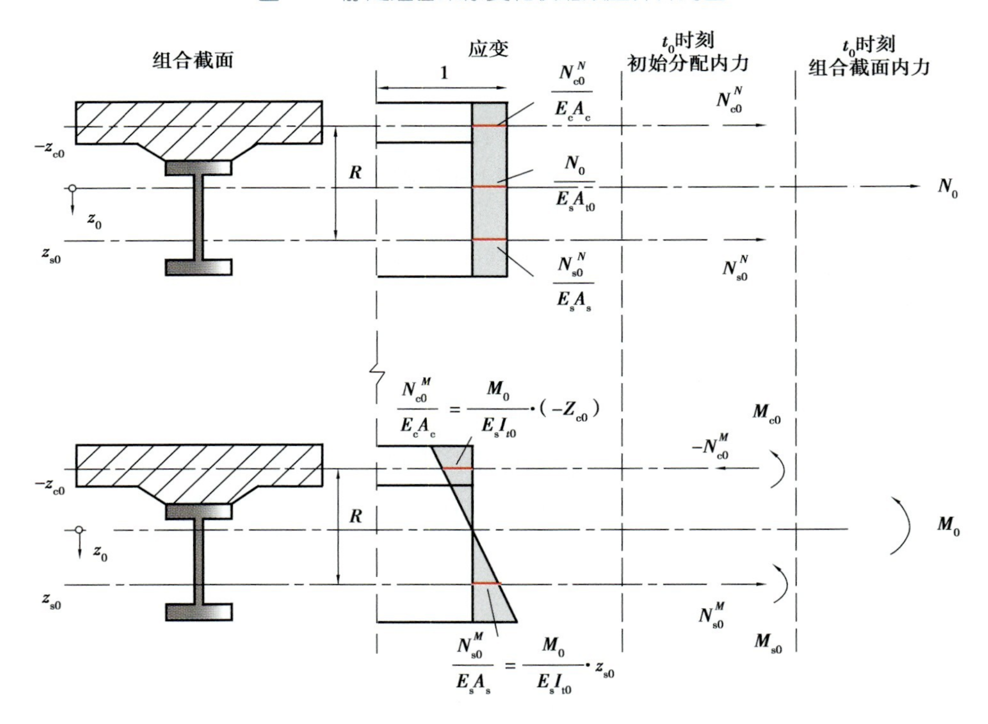

图 2.3 加载初始 t_0 时刻组合梁截面内力分配图

为了方便计算，将两种材料的截面换算成单一材料的截面，将组合梁中的混凝土面积按弹性模量比换算成钢梁面积，即

$$\left.\begin{aligned} A_{c0} &= A_c \frac{E_c}{E_s} \\ A_{t0} &= A_c \frac{E_c}{E_s} + A_s \end{aligned}\right\} \tag{2.9}$$

式中　A_c,A_s——混凝土板、钢梁的截面面积；

E_c,E_s——混凝土、钢梁的弹性模量；

A_{c0},A_{t0}——换算后的混凝土板、组合梁截面面积。

$$\left.\begin{aligned} I_{c0} &= I_c \cdot \frac{E_c}{E_s} \\ I_{t0} &= I_{c0} + I_s + S_{t0} \cdot R \\ S_{t0} &= A_{c0} \cdot z_{c0} = A_s \cdot z_{s0} = \frac{A_s \cdot A_{c0}}{A_{t0}} \cdot R \end{aligned}\right\} \tag{2.10}$$

式中　I_c,I_s——混凝土板、钢梁的惯性矩；

I_{c0},I_{t0}——换算后混凝土板、组合梁截面的惯性矩；

S_{t0}——钢梁对总截面形心轴的面积矩；

z_{c0},z_{s0}——混凝土板、钢梁各自形心轴的竖向坐标；

R——混凝土板形心轴到钢梁形心轴的距离。

轴力按轴向刚度分配，换成单一材料后按截面面积大小进行分配，即

$$\left.\begin{aligned} N_{c0}^{N} &= N_0 \cdot \frac{A_{c0}}{A_{t0}} \\ N_{s0}^{N} &= N_0 \cdot \frac{A_s}{A_{t0}} \\ N_{c0}^{M} &= -M_0 \cdot \frac{A_s \cdot z_{s0}}{I_{t0}} = -M_0 \cdot \frac{S_{t0}}{I_{t0}} \\ N_{s0}^{M} &= -N_{c0}^{M} \end{aligned}\right\} \tag{2.11}$$

$$\left.\begin{aligned} N_{c0} &= N_{c0}^{N} + N_{c0}^{M} \\ N_{s0} &= N_{s0}^{N} + N_{s0}^{M} \end{aligned}\right\} \tag{2.12}$$

式中　N_{c0}^{N},N_{s0}^{N}——由 N_0 分配到混凝土板、钢梁截面的初始轴力；

N_{c0}^{M},N_{s0}^{M}——由 M_0 分配到混凝土板、钢梁截面的初始轴力；

N_{c0},N_{s0}——混凝土板、钢梁各自分配的初始总轴力。

弯矩按弯曲刚度即惯性矩大小分配,即

$$
\left.\begin{aligned}
M_{c0} &= M_0 \cdot \frac{I_{c0}}{I_{t0}} \\
M_{s0} &= M_0 \cdot \frac{I_s}{I_{t0}}
\end{aligned}\right\} \tag{2.13}
$$

式中　M_{c0},M_{s0}——由 M_0 分配到混凝土板、钢梁上的初始弯矩。

(2)重分布内力精确求解

徐变力学的结构效应分析基本方程包括物理方程(本构方程)、平衡方程和变形协调方程以及边界条件。其中物理方程采用式(2.7),平衡方程和变形协调方程通过图2.4进行分析,图中内力均按基本假定标出正方向。

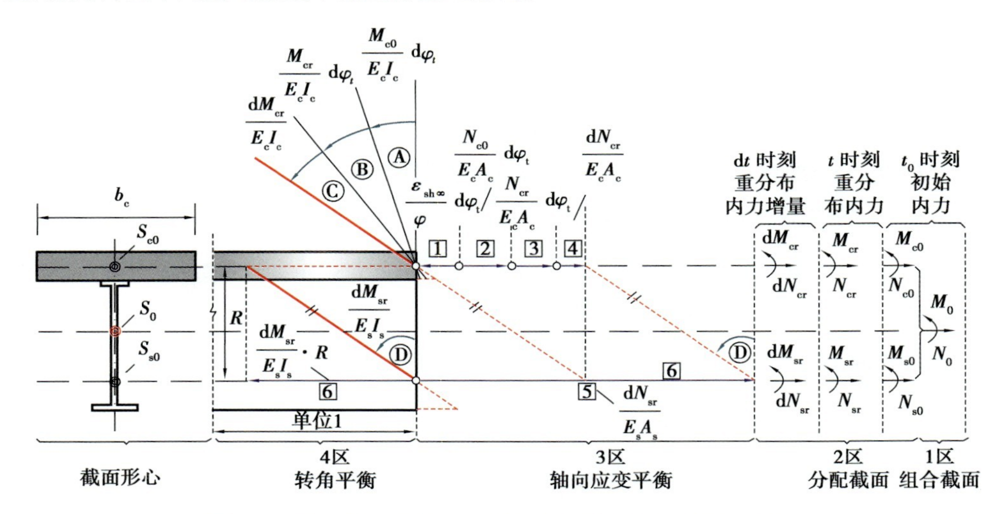

图 2.4　组合梁截面的内力重分布平衡相容关系图(微分)

从图2.4可以看出:组合截面形心处的2个初始内力(M_0 和 N_0)分配到混凝土板和钢梁各自截面后变为4个初始分配内力(M_{c0}、N_{c0}、M_{s0}和 N_{s0}),由于混凝土的徐变和收缩,这4个初始内力将发生变化,其变化量分别对应4个重分布内力(M_{cr}、N_{cr}、M_{sr}和 N_{sr}),即4个待求的未知内力,由于仅有2个平衡方程,需再补充2个变形协调方程。

①物理方程

如式(2.7)所示,采用徐变率法(RCM法)建立混凝土徐变和收缩的微分本构方程。式(2.7)中的弹性变形和徐变变形分别采用 t_0 时刻和28天的弹性模量,根据文献[46]，$E_{c(t_0)}$和 $E_{c(28)}$ 有相关关系[46]，即 $E_{c(t_0)}=\beta_E E_{c(28)}$。其中，$\beta_E$ 与加载龄期有关，当加载龄期$t_0=28$ d 时，$E_{c(t_0)}=E_{c(28)}$，为了计算简化，在推导过程中令 $E_{c(t_0)}=E_{c(28)}=E_c$，则 $\varphi(t)$ 简化为 φ_t，实际情况中加载龄期不为 28 d 时，再通过 β_E 进行换算，则式(2.7)变为：

$$\mathrm{d}\varepsilon(t)=\frac{1}{E_c}\cdot\mathrm{d}\sigma(t)+\frac{1}{E_c}\cdot\sigma(t)\cdot\mathrm{d}\varphi_t+\mathrm{d}\varepsilon_{sh}(t) \tag{2.14}$$

②平衡方程

图 2.4 从右到左分成：组合截面区、分配截面区和应变平衡区。其中，应变平衡包括轴向应变和曲率；内力分别为 t_0 时刻组合截面和各自截面的初始内力(M_0、N_0 和 M_{c0}、N_{c0}、M_{s0}、N_{s0})，t 时刻各自截面重分布内力和 dt 时刻重分布内力增量(M_{cr}、N_{cr}、M_{sr}、N_{sr} 和 dM_{cr}、dN_{cr}、dM_{sr}、dN_{sr})，其中 t_0 时刻的内力已通过式(2.12)和式(2.13)求出，需要求解的是随时间变化的重分布内力，其平衡方程为：

$$\left.\begin{aligned}
&\sum N_i=0,\ \begin{aligned}&N_{cr}+N_{sr}=0\\&N_{cr}=-N_{sr}\end{aligned}\\
&\sum \mathrm{d}N_i=0,\ \begin{aligned}&\mathrm{d}N_{cr}+\mathrm{d}N_{sr}=0\\&\mathrm{d}N_{cr}=-\mathrm{d}N_{sr}\end{aligned}\\
&\sum M_i=0,\ \begin{aligned}&M_{sr}+M_{cr}-N_{cr}\cdot R=0\\&M_{sr}=-M_{cr}+N_{cr}\cdot R\end{aligned}\\
&\sum \mathrm{d}M_i=0,\ \begin{aligned}&\mathrm{d}M_{sr}+\mathrm{d}M_{cr}-\mathrm{d}N_{cr}\cdot R=0\\&\mathrm{d}M_{sr}=-\mathrm{d}M_{cr}+\mathrm{d}N_{cr}\cdot R\end{aligned}
\end{aligned}\right\} \tag{2.15}$$

③变形协调方程

根据基本假定，组合截面在徐变和收缩前后始终保持平截面，由此可得 2 个变形协调方程：

a.任意 dt 时刻混凝土板和钢梁的轴向应变增量在混凝土截面形心处均相等，即 $\mathrm{d}\varepsilon_c(t)=\mathrm{d}\varepsilon_s(t)$；

b.任意 dt 时刻混凝土板和钢梁的曲率增量也相等，即 $\mathrm{d}\varphi_c(t)=\mathrm{d}\varphi_s(t)$。

如图 2.4 所示，列出变形协调方程：

$$\left.\begin{aligned}
&-\frac{\varepsilon_{sh\infty}}{\varphi_\infty}\mathrm{d}\varphi_t+\frac{N_{c0}}{E_cA_c}\mathrm{d}\varphi_t+\frac{N_{cr}}{E_cA_c}\mathrm{d}\varphi_t+\frac{\mathrm{d}N_{cr}}{E_cA_c}=\frac{\mathrm{d}N_{sr}}{E_sA_s}-\frac{\mathrm{d}M_{sr}}{E_sI_s}\cdot R\\
&\frac{M_{c0}}{E_cI_c}\mathrm{d}\varphi_t=\frac{M_{cr}}{E_cI_c}\mathrm{d}\varphi_t+\frac{\mathrm{d}M_{cr}}{E_cI_c}=\frac{\mathrm{d}M_{sr}}{E_sI_s}
\end{aligned}\right\} \tag{2.16}$$

式(2.16)中,第一式等号左边表示任意 dt 时刻混凝土板在其形心轴处的总应变增量 $d\varepsilon_c(t)$,包括自由收缩应变$\frac{\varepsilon_{sh\infty}}{\varphi_\infty}d\varphi_t$、自由徐变应变$\frac{N_{c0}}{E_cA_c}d\varphi_t$、约束徐变应变$\frac{N_{cr}}{E_cA_c}d\varphi_t$ 和约束弹性应变$\frac{dN_{cr}}{E_cA_c}$。其中,收缩应变的方向与其他应变方向相反,对应于图 2.4 的1、2、3和4;等号右边表示钢梁在混凝土板形心处的总应变增量 $d\varepsilon_s(t)$,包括钢梁在其形心轴处的轴向应变$\frac{dN_{sr}}{E_sA_s}$和钢梁因转动在混凝土形心处引起的应变$\frac{dM_{sr}}{E_sI_s}\cdot R$,这两者方向相反,对应于图 2.4 的5和6;从图 2.4 很直观地看出:1+2+3+4=5-6。

式(2.16)中第二式等号左边表示任意 dt 时刻混凝土板的总曲率增量 $d\varphi_c(t)$。在计算混凝土板的自由收缩时,仅考虑其对轴向应变的影响,忽略其对截面曲率的影响,因此,混凝土板的曲率由 3 项叠加而成,分别包括自由徐变弯曲、约束徐变弯曲和弹性弯曲对应的曲率$\frac{M_{c0}}{E_cI_c}d\varphi_t$、$\frac{M_{cr}}{E_cI_c}d\varphi_t$ 和$\frac{dM_{cr}}{E_cI_c}$,对应于图 2.4 的Ⓐ、Ⓑ和Ⓒ;等号右边表示任意 dt 时刻钢梁的曲率增量 $d\varphi_s(t)$,即为约束弹性弯曲对应的曲率$\frac{dM_{sr}}{E_sI_s}$,对应于图 2.4 的Ⓓ;从图 2.4 也可以很直观地看出:Ⓐ+Ⓑ+Ⓒ=Ⓓ。

式(2.15)代入式(2.16),化简得:

$$\left.\begin{aligned}&\frac{A_{t0}}{A_s}\cdot\frac{dM_{cr}}{d\varphi_t}+M_{cr}+\frac{A_{t0}(I_s+S_{t0}R)}{A_sI_s}\cdot\frac{dM_{sr}}{d\varphi_t}+M_{sr}=-(N_{sh}+N_{c0})\cdot R\\&\frac{dM_{cr}}{d\varphi_t}+M_{cr}-\frac{I_{cr}}{I_s}\cdot\frac{dM_{sr}}{d\varphi_t}+0=-M_{c0}\end{aligned}\right\}\tag{2.17}$$

式中,$N_{sh}=\frac{\varepsilon_{sh\infty}}{\varphi_\infty}E_cA_c=\frac{\varepsilon_{sht}}{\varphi_t}E_cA_c$。微分方程组式(2.17)的求解过程较为困难和烦琐,方程的解非常冗长(推导详细过程见附录 A)。

由初始边界条件 $t=0,\varphi_t=0,M_{cr}=M_{sr}=0$ 得方程的解[98],即

$$
\left.\begin{aligned}
N_{cr} &= \frac{M_0}{R}\left\{\begin{aligned}&1-\frac{I_{c0}-I_s}{I_{t0}}+\frac{1}{r_1-r_2}\left[(r_2+\alpha_s)\left(1+\frac{A_{t0}}{A_s}r_1\right)-\right.\\&\left.\frac{I_{c0}}{I_{t0}}\left(r_1+\frac{A_s}{A_{t0}}\right)\right]e^{r_1\varphi_t}-\left[(r_1+\alpha_s)\left(1+\frac{A_{t0}}{A_s}r_2\right)+\right.\\&\left.\frac{I_{c0}}{I_{t0}}\left(r_2+\frac{A_s}{A_{t0}}\right)\right]e^{r_2\varphi_t}\end{aligned}\right\}-\\
&R\left(\frac{A_{c0}}{A_{t0}}N_0+N_{sh}\right)\left\{1+\frac{1}{r_1-r_2}[(r_2-r_1)(1+\beta_{cs})\alpha_s](e^{r_1\varphi_t}-e^{r_2\varphi_t})\right\}\\
M_{cr} &= M_0\left\{\begin{aligned}&\left(1-\frac{I_s}{I_{t0}}\right)+\frac{1}{r_1-r_2}\left[(r_2+\alpha_s)\left(1+\frac{A_{t0}}{A_s}r_1\right)e^{r_1\varphi_t}-\right.\\&\left.(r_1+\alpha_s)\left(1+\frac{A_{t0}}{A_s}r_2\right)e^{r_2\varphi_t}\right]\end{aligned}\right\}-\\
&R\left(\frac{A_{t0}}{A_s}N_0+N_{sh}\right)\left\{1+\frac{1}{r_1-r_2}[(r_2+\alpha_s)e^{r_1\varphi_t}-(r_1+\alpha_s)e^{r_2\varphi_t}]\right\}\\
N_{sr} &= -N_{cr}\\
M_{sr} &= -M_{cr}+N_{cr}\cdot R
\end{aligned}\right\}
\tag{2.18}
$$

式中各参数分别为：

$$
\alpha_c=\frac{A_cI_{c0}}{A_{t0}I_{t0}},\alpha_s=-\frac{A_sI_s}{A_{t0}I_{t0}},\beta_{cs}=\frac{I_{c0}}{I_s},
$$

$$
r_{1,2}=\frac{1}{2}\left(-(1+\alpha_s+\alpha_c)\pm\sqrt{(1+\alpha_s+\alpha_c)^2-4\alpha_s}\right)
$$

(3)截面最终内(应)力

混凝土板和钢梁在徐变和收缩作用后的截面最终内力是初始分配内力与重分配内力之和，截面相应的应力按材料力学公式计算，即

$$
\left.\begin{aligned}
M_{ct}&=M_{c0}+M_{cr}\\
N_{ct}&=N_{c0}+N_{cr}\\
M_{st}&=M_{s0}+M_{sr}\\
N_{st}&=N_{s0}+N_{sr}
\end{aligned}\right\}
\tag{2.19}
$$

式中　M_{ct}——徐变和收缩后作用在混凝土截面的最终弯矩；

N_{ct}——徐变和收缩后作用在混凝土截面的最终轴力；

M_{st}——徐变和收缩后作用在钢梁截面的最终弯矩；

N_{st}——徐变和收缩后作用在钢梁截面的最终轴力。

$$\left.\begin{aligned}\sigma_{ct}&=\frac{N_{ct}}{A_c}+\frac{M_{ct}}{I_c}\cdot z_{c0}\\\sigma_{st}&=\frac{N_{st}}{A_s}+\frac{M_{st}}{I_s}\cdot z_{s0}\end{aligned}\right\}\tag{2.20}$$

式中　σ_{ct}——徐变和收缩后在混凝土板计算点的最终应力；

σ_{st}——徐变和收缩后在钢梁计算点的最终应力；

z_{c0}——混凝土截面纤维的坐标，原点在混凝土形心轴处，以向下为正；

z_{s0}——钢梁截面纤维的坐标，原点在钢梁形心轴处，以向下为正。

(4)截面的最终变形

徐变和收缩前后，钢梁的弹性模量不发生改变，钢梁截面相应的应变和曲率可按下式计算：

$$\left.\begin{aligned}\varepsilon_{st}&=\frac{N_{st}}{E_s\cdot A_s}\\\phi_{st}&=\frac{M_{st}}{E_s\cdot I_s}\end{aligned}\right\}\tag{2.21}$$

式中　ε_{st}——徐变和收缩后在钢梁形心处的轴向应变；

ϕ_{st}——徐变和收缩后钢梁截面的曲率。

混凝土的曲率和应变可根据变形协调条件获得，即 $\phi_{ct}=\phi_{st}$，再由平截面假定按比例关系算出混凝土板截面相应的应变 ε_{ct}。

因此，组合梁徐变和收缩效应计算的关键是求出混凝土板和钢梁各自的重分布内力(N_{cr}，N_{sr}，M_{cr}，M_{sr})，其他的内力、应力和变形都易于计算。

因混凝土和钢梁通过抗剪连接件连接，并假定二者之间无滑移，因此混凝土的挠度=钢梁的挠度=组合梁的挠度。即

$$w_{ct}=\iint\frac{M_{ct}}{E_{ct}I_c}dx^2=w_{st}=\iint\frac{M_{st}}{E_sI_s}dx^2=w_{cs}=\iint\frac{M_{cst}}{E_sI_{t0}}dx^2\tag{2.22}$$

式中　w_{ct}，w_{st}，w_{cst}——分别为 t 时刻混凝土、钢梁和组合梁截面挠度；

E_{ct}——t 时刻混凝土的有效弹性模量，随徐变系数变化而变化；

M_{cst}——t 时刻组合梁截面形心处的弯矩。

因钢梁不发生徐变，刚度(E_sI_s)也不随时间改变，因此用钢梁来计算挠度较简便。

钢梁徐变前后的挠度仅分别随相应的弯矩变化，即徐变前后挠度的比值等于相应弯矩的比值，见式(2.23)。

$$w_{s0} = \iint \frac{M_{s0}}{E_s I_s} dx^2, w_{st} = \iint \frac{M_{st}}{E_s I_s} dx^2, \frac{w_{st}}{w_{s0}} = \frac{M_{st}}{M_{s0}} \tag{2.23}$$

式中　w_{s0}, w_{st}——徐变前后钢梁截面的挠度。

2)微分方程(RCM 法)实用近似解

(1)近似原理及求解

"1)微分方程(RCM 法)精确求解"节是对最简单的简支组合梁在常内力作用下得到的精确解，若组合梁的边界条件更复杂，就难以得到闭合解，同时式(2.18)也过于冗长，不便于使用。因此，寻求简化的实用近似解非常必要。求解困难和其闭合解冗长的原因在于需要对微分方程组进行耦合求解，若该方程组能得到解耦，便易于计算。

组合梁(尤其是桥梁中的组合梁)中混凝土板的截面高度比钢梁高度小很多，混凝土板的抗弯刚度相对较小，对应 dt 时刻的重分布弯矩增量 dM_{cr}在混凝土板中产生的轴向变形也将随之减小。当混凝土与钢梁的相对轴向刚度满足 $j = \frac{A_{c0} I_{c0}}{A_s I_s} \leqslant 0.2$ 时可以忽略其影响[97]。式(2.16)中第 1 个方程是混凝土板轴向应变的协调方程，对其进行变换，即

$$\frac{dN_{cr}}{d\varphi_t}\left(\frac{1}{E_c A_c} + \frac{1}{E_s A_s} + \frac{R^2}{E_s I_s}\right) - \frac{R}{E_s I_s} \cdot \frac{dM_{cr}}{d\varphi_t} + \frac{N_{c0}}{E_c A_c} + \frac{N_{cr}}{E_c A_c} - \frac{\varepsilon_{sh}}{\varphi_\infty} = 0 \tag{2.24}$$

式(2.24)中含有两个未知函数(N_{cr}和 M_{cr})，忽视 dM_{cr}的影响，只保留其对式(2.16)中第 2 个曲率协调方程的影响，式(2.16)化简为：

$$\left.\begin{aligned} &\frac{dN_{cr}}{d\varphi_t} + \alpha_N N_{cr} + \alpha_N (N_{c0} - N_{sh}) = 0 \\ &\frac{dM_{cr}}{d\varphi_t} + \alpha_M M_{cr} - \alpha_M \cdot \frac{I_{c0}}{I_s} \cdot R \cdot \frac{dN_{cr}}{d\varphi_{t0}} + \alpha_M M_{c0} = 0 \end{aligned}\right\} \tag{2.25}$$

式中　α_N——钢梁轴向刚度系数，$\alpha_N = \frac{A_s I_s}{A_{t0}(I_{t0} - I_{c0})}$；

α_M——钢梁弯曲刚度系数，$\alpha_M = \frac{I_s}{I_{c0} + I_s}$。

由初始条件 $t = 0, \varphi_t = 0, N_{cr} = 0, M_{cr} = 0$ 得方程的解，即

$$
\left.\begin{aligned}
N_{cr} &= (N_{sh} - N_{c0})(1 - e^{-\alpha_N \cdot \varphi_t}) \\
M_{cr} &= - M_{c0} \cdot (1 - e^{-\alpha_M \cdot \varphi_t}) + \frac{I_{c0}}{I_s} \cdot R \cdot N_{cr} \cdot A \\
N_{sr} &= - N_{cr} \\
M_{sr} &= - M_{cr} + N_{cr} \cdot R
\end{aligned}\right\} \tag{2.26}
$$

式中 $A=\dfrac{\alpha_M \cdot \alpha_N}{\alpha_M-\alpha_N} \cdot \dfrac{e^{-\alpha_N \cdot \varphi_t}-e^{-\alpha_M \cdot \varphi_t}}{1-e^{-\alpha_N \cdot \varphi_t}}$。

相比烦琐的式(2.18),式(2.26)更简单,其适用条件是 $j=\dfrac{A_{c0}I_{c0}}{A_sI_s}\leqslant 0.2$。

忽略 dM_{cr}对混凝土板形心处轴向应变的影响,得到的近似解与精确解之间的误差有多大以及误差是否随参数变化,下面通过算例来分析。

(2)近似解的验证与分析

【例 2.1】 分别用精确法和近似法计算 8 个组合梁截面重分布内力。如图 2.5 所示,每个截面的钢梁具有不同高度,详细参数见表 2.1。其中,第 4—8 截面满足适用条件 $j=\dfrac{A_{c0}I_{c0}}{A_sI_s}\leqslant 0.2$,在表中用阴影标出。

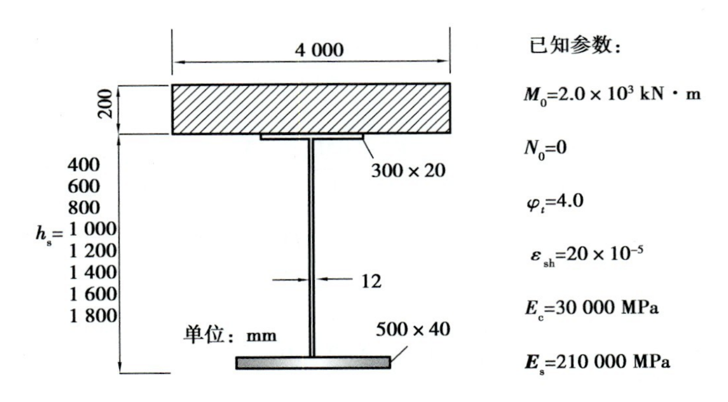

图 2.5 组合梁截面参数

根据本书精确解和近似解的计算公式,求得截面内力见表 2.2。随着 1—8 截面中钢梁的高度增加,混凝土板的重分布弯矩(M_{cr})占重分布弯矩总和($M_{cr}+M_{sr}$)的比重在下降,从表 2.2 第(12)列的比值来看,以第 4 截面($j=0.2$)为分界线,4—8 截面的精确解和近似解相等,此时混凝土板的重分布弯矩所占的比值已经非常小($\leqslant 0.05$),对轴向应变的影响很小,忽略 dM_{cr}对其影响是可取的。用近似解求得的重分布内力(N_{cr}、N_{sr}、M_{cr}和 M_{sr})分别在表中第(6)—(11)列,在满足适用条件($j\leqslant 0.2$)的 4—8 截面中,误差都很小,

表 2.1　不同截面的详细参数(例 2.1)

截面	h_s /mm	A_{c0} /10^2mm^2	I_{c0} /10^6mm^4	A_s /10^2mm^2	I_s /10^6mm^4	A_{t0} /10^2mm^2	I_{t0} /10^6mm^4	S_{t0} /10^4mm^3	α_s	α_c	α_M	α_N	j
1	400	1 142.9	380.9	300.8	712.6	1 443.7	4 539.8	905.9	0.033	-0.066	0.652	0.036	2.031
2	600	1 142.9	380.9	324.8	1 790.1	1 467.7	8 927.4	1 307.2	0.044	-0.033	0.825	0.046	0.749
3	800	1 142.9	380.9	348.8	3 442.9	1 491.7	15 054.2	1 732.4	0.053	-0.019	0.900	0.055	0.363
4	1 000	1 142.9	380.9	372.8	5 733.3	1 515.7	23 025.2	2 180.3	0.061	-0.012	0.938	0.062	0.200
5	1 200	1 142.9	380.9	396.8	8 720.3	1 539.7	32 941.6	2 649.9	0.068	-0.009	0.958	0.069	0.126
6	1 400	1 142.9	380.9	420.8	12 460. 2	1 563.7	44 901.4	3 140.1	0.075	-0.006	0.970	0.075	0.083
7	1 600	1 142.9	380.9	444.8	17 007.5	1 587.7	58 999.6	3 650.1	0.081	-0.005	0.978	0.081	0.058
8	1 800	1 142.9	380.9	468.8	22 415.6	1 611.7	75 328.4	4 178.9	0.087	-0.004	0.983	0.087	0.041

表 2.2　不同截面的重分布内力(精确解和近似解)

截面	$j=\frac{A_{c0}I_{c0}}{A_sI_s}$	初始内力($t=0,\varphi_t=0$)			重分布内力($t=t,\varphi_t=4.0$)						$\frac{M_{cr}}{M_{cr}+M_{sr}}$
		N_{c0} (kN)	M_{c0} (kN·m)	M_{s0} (kN·m)	$N_{cr}=-N_{sr}$ (kN)		M_{cr} (kN·m)		M_{sr} (kN·m)		
					精确解(近似解)	误差/%	精确解(近似解)	误差/%	精确解(近似解)	误差/%	精确解(近似解)
(1)	(2)	(3)	(4)	(5)	(6)	(7)	(8)	(9)	(10)	(11)	(12)
1	2.031	−3 990.9	167.8	313.9	438.4 (636.6)	45.21	−128.8 (−134.1)	4.11	295.6 (242.2)	18.06	0.77 (1.24)
2	0.749	−2 928.6	85.3	401.0	611.9 (671.5)	9.74	−65.2 (−66.5)	1.99	381.4 (347.1)	8.99	0.21 (0.24)
3	0.363	−2 301.5	50.6	457.4	651.8 (674.3)	3.45	−38.0 (−38.5)	1.32	460.6 (437.1)	5.10	0.09 (0.10)
4	0.200	−1 893.8	33.1	498.0	662.7 (672.2)	1.43	−24.3 (−24.5)	0.82	538.3 (521.4)	3.14	0.05 (0.05)
5	0.126	−1 608.8	23.1	529.4	666.6 (670.8)	0.63	−16.6 (−16.7)	0.60	616.3 (603.5)	2.08	0.03 (0.03)
6	0.083	−1 398.7	17.0	555.0	669.2 (671.1)	0.28	−11.9 (−11.9)	0.00	695.2 (685.1)	1.45	0.02 (0.02)
7	0.058	−1 237.3	12.9	576.5	672.2 (672.8)	0.09	−8.8 (−8.8)	0.00	775.1 (767.0)	1.05	0.01 (0.01)
8	0.041	−1 109.5	10.1	595.1	675.8 (675.9)	0.01	−6.7 (−6.7)	0.00	856.3 (849.6)	0.78	0.01 (0.01)

注:误差=|(精确值−近似值)/精确值|×100%

最大的只有 3.14%（M_{sr}），最小的为 0（M_{cr}）；当 $j>0.2$ 时，误差随 j 的增大而增加，如第 1 截面 j 最大，达到 2.031，则重分布轴力的误差为 45.21%。因此，在采用实用近似计算的时候，要考虑其适用条件。

以上分析和对比是在徐变系数 φ_t 不变、钢梁截面改变的基础上进行的，钢梁截面的大小反映了钢梁对徐变的约束大小，约束越大，重分布影响也越大。若保持钢梁截面不变（内部约束不变），徐变系数 φ_t 改变，截面上的内力是否还可以用近似解计算。现选取表 2.1 中满足适用条件的截面 6 为计算对象，令徐变系数 $\varphi_t=1,2,3,4,5,6$，相应的计算结果见表 2.3。

从表 2.3 可以看出，用精确解和近似解得到重分布内力的误差不会随着徐变系数的改变有太大的变化，而且数值都很小，最大的误差是 3.31%（M_{cr}），最小的误差是 0.01%（M_{cr}）。

以上分析说明，通过合理假设使式（2.16）第 1 个方程得到简化，微分方程组得到解耦求解是可行的，在满足适用条件 $j=\dfrac{A_{c0}I_{c0}}{A_sI_s}\leqslant 0.2$ 时，得到的实用近似解与精确解的误差非常小，能满足工程应用的要求。

3）代数方程（AEMM 法）精确求解

“1）微分方程（RCM）精确求解”节采用徐变率法建立混凝土的微分本构方程，对于简单的结构是容易求解的，该本构关系在国内外广泛采用了 30 多年，而针对复杂的结构，需要求解高次耦合的微分方程组，给计算带来了很大的困难。为了便于计算，可以进行一定的假设得到近似解，而当结构处于复杂应力状态时，近似解与精确解的出入较大。以特劳斯德-巴增为代表理论建立的代数本构方程不仅简化了计算，还提高了精度。

如图 2.6 所示，本文采用与“1）微分方程（RCM）精确求解”节相同的分析方法，用式（2.8）建立混凝土的代数本构方程，并进行求解。

（1）物理方程

如式（2.8）所示，采用龄期调整有效模量法（AEMM）建立混凝土徐变和收缩的微分本构方程。同样，令加载龄期 $t_0=28$ d，令 $E_{c(t_0)}=E_{c(28)}=E_c$，式（2.8）变为：

$$\varepsilon(t)=\frac{\sigma_c(t_0)}{E_c}(1+\varphi_t)+\sum\frac{\sigma_c(t)-\sigma_c(t_0)}{E_c}\cdot[1+\rho_t\cdot\varphi_t]+\varepsilon_{sh}(t)\qquad(2.27)$$

表 2.3　不同徐变系数的截面重分布内力（精确解和近似解）

重分布内力	徐变系数											
	$\varphi_t=1$		$\varphi_t=2$		$\varphi_t=3$		$\varphi_t=4$		$\varphi_t=5$		$\varphi_t=6$	
	精确解（近似解）	误差/%	精确解（近似解）	误差/%	精确解（近似解）	误差/%	精确解（近似解）	误差/%	精确解（近似解）	误差/%	精确解（近似解）	误差/%
（1）	（2）	（3）	（4）	（5）	（6）	（7）	（8）	（9）	（10）	（11）	（12）	（13）
N_{cr}/kN	448.44（446.05）	0.53	526.30（527.02）	0.14	600.18（601.88）	0.28	669.20（671.10）	0.28	733.39（734.98）	0.22	792.78（794.03）	0.16
M_{cr}/（kN·m）	−1.90（−1.95）	3.31	−7.64（−7.72）	1.09	−10.39（−10.46）	0.67	−11.90（−11.91）	0.01	−12.76（−12.80）	0.36	−13.36（−13.40）	0.29
M_{sr}/（kN·m）	459.75（455.41）	0.94	544.99（538.09）	1.27	623.17（614.51）	1.39	695.20（685.10）	1.45	761.54（750.40）	1.46	822.78（810.70）	1.47

注：误差=|（精确值−近似值）/精确值|×100%

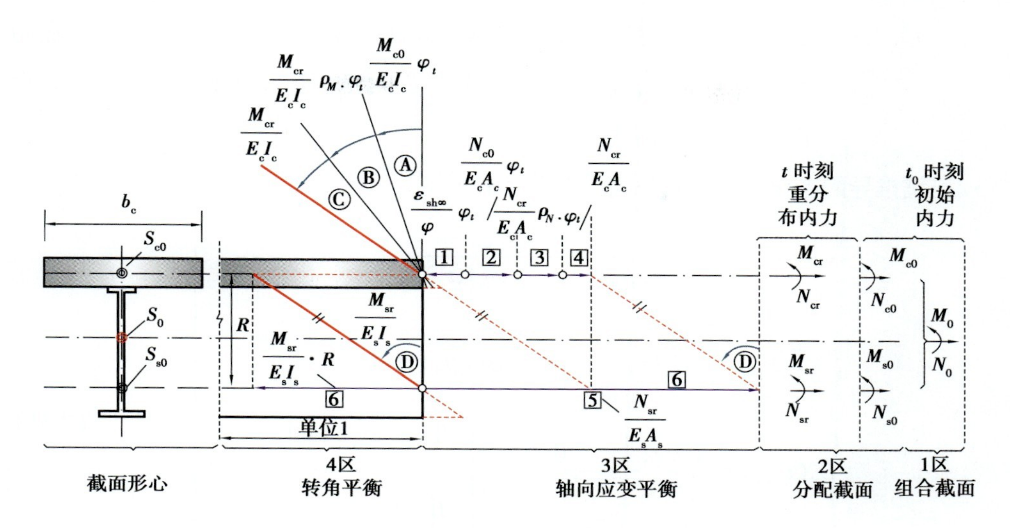

图 2.6　组合梁内力重分布平衡相容关系图(代数)

(2) 平衡方程

$$\left.\begin{aligned}&\sum N_i = 0, N_{cr} + N_{sr} = 0, N_{cr} = - N_{sr}\\&\sum M_i = 0, M_{sr} + M_{cr} - N_{cr} \cdot R = 0, M_{sr} = - M_{cr} + N_{cr} \cdot R\end{aligned}\right\}\tag{2.28}$$

(3) 变形协调方程

$$\left.\begin{aligned}&-\frac{\varepsilon_{sh\infty}}{\varphi_\infty}\varphi_t + \frac{N_{c0}}{E_cA_c}\varphi_t + \frac{N_{cr}}{E_cA_c}\cdot\rho_N\cdot\varphi_t + \frac{N_{cr}}{E_cA_c} = \frac{N_{sr}}{E_sA_s} - \frac{M_{sr}}{E_sI_s}\cdot R\\&\frac{M_{c0}}{E_cI_c}\varphi_t + \frac{M_{cr}}{E_cI_c}\cdot\rho_M\cdot\varphi_t + \frac{M_{cr}}{E_cI_c} = \frac{M_{sr}}{E_sI_s}\end{aligned}\right\}\tag{2.29}$$

将式(2.28)代入式(2.29),得:

$$\left.\begin{aligned}&N_{cr}\cdot\frac{1+\alpha_N\cdot\rho_N\cdot\varphi_t}{\alpha_N\cdot\varphi_t} - M_{cr}\cdot\frac{A_{c0}}{I_s}\cdot\frac{R}{\varphi_t} = N_{sh} - N_{c0}\\&M_{cr}\cdot\frac{1+\alpha_M\cdot\rho_M\cdot\varphi_t}{\alpha_M\cdot\varphi_t} - N_{cr}\cdot\frac{I_{c0}}{I_s}\cdot\frac{R}{\varphi_t} = - M_{c0}\end{aligned}\right\}\tag{2.30}$$

式中　N_{sh}——收缩合力,表达与式(2.17)相同,即 $N_{sh} = \frac{\varepsilon_{sh\infty}}{\varphi_\infty}E_cA_c$;

α_N, α_M——表达与式(2.25)相同,即 $\alpha_N = \frac{A_s\cdot I_s}{A_{t0}\cdot(I_{t0}-I_{c0})}$, $\alpha_M = \frac{I_s}{I_s+I_{c0}}$;

ρ_N, ρ_M——由轴力和弯矩引起的龄期调整系数，与加载龄期相关，可以理解为在初始加载 t_0 时刻之后所发生的应力变化所产生的徐变由于混凝土老化而趋于衰减的系数。

巴增推导的老化系数经验公式[12, 61, 99]为：

$$\left.\begin{aligned}
\rho_N &= \frac{E_{c(28)}}{E_{c(28)} - E_R(t,t_0)} - \frac{1}{\alpha_N \cdot \varphi(t,t_0)} \\
\rho_M &= \frac{E_{c(28)}}{E_{c(28)} - E_R(t,t_0)} - \frac{1}{\alpha_M \cdot \varphi(t,t_0)} \\
E_R(t,t_0) &= \frac{0.992}{J(t,t_0)} - \frac{0.115}{J(t,t-1)}\left[\frac{J\left(t + \dfrac{t+t_0}{2}, t_0\right)}{J\left(t, t - \dfrac{t+t_0}{2}\right)} - 1\right] \\
J(t,t_0) &= \frac{1+\varphi_t(t,t_0)}{E_0}
\end{aligned}\right\} \tag{2.31}$$

式中　$E_R(t,t_0)$——松弛函数，表示为从 t_0 时刻保持应变不变，至 t 时刻应力降低值与初始应力的比值；

$J(t,t_0)$——徐变柔量或柔度函数，描述了单位应力下混凝土的总应变。

令迪辛格尔法求得的混凝土板的重分布内力与特劳斯德法求得的重分布内力相等，便可得到迪辛格尔法反算的老化系数：

$$\left.\begin{aligned}
\rho_N &= \frac{1}{1-e^{-\alpha_N \cdot \varphi_t}} - \frac{1}{\alpha_N \cdot \varphi_t} \\
\rho_M &= \frac{1}{1-e^{-\alpha_M \cdot \varphi_t}} - \frac{1}{\alpha_M \cdot \varphi_t}
\end{aligned}\right\} \tag{2.32}$$

老化系数 ρ 取决于混凝土的徐变特征以及应力和应变的历史，不同的徐变系数推算表达式和不同的徐变计算理论都将得到不同的 ρ 值。从式(2.31)和式(2.32)发现，两种理论的老化系数不尽相同，尤其是随着加载龄期增长，差异越大，这也是两种理论在进行徐变效应分析时结果异同的原因所在。理想状态的老化系数为 0.5~1，特劳斯德(H.Trost)[60]发现 ρ 的平均值在 0.82 左右，并建议取 0.80。巴增(Bazant)对特劳斯德公式进行了严格推导和验证，见式(2.31)。本书采用该式作为老化系数的计算公式，并在后面章节的算例分析采用。

式(2.30)的两个方程含有两个未知量(N_{cr}和 M_{cr})，求解得：

$$
\left.\begin{aligned}
N_{cr} &= \frac{(N_{sh} - N_{c0}) \cdot \eta_N - M_{c0} \dfrac{A_{c0}}{I_s} \cdot R \cdot \dfrac{\eta_N \eta_M}{\varphi_t}}{1 - \dfrac{A_{c0}}{I_s} \cdot \dfrac{I_{c0}}{I_s} \cdot R^2 \cdot \dfrac{\eta_N \cdot \eta_M}{\varphi_t^2}} \\
M_{cr} &= \frac{-M_{c0} \cdot \eta_M + (N_{sh} - N_{c0}) \dfrac{I_{c0}}{I_s} \cdot R \cdot \dfrac{\eta_N \eta_M}{\varphi_t}}{1 - \dfrac{A_{c0}}{I_s} \cdot \dfrac{I_{c0}}{I_s} \cdot R^2 \cdot \dfrac{\eta_N \cdot \eta_M}{\varphi_t^2}} \\
N_{sr} &= - N_{cr} \\
M_{sr} &= - M_{cr} + N_{cr} \cdot R
\end{aligned}\right\} \tag{2.33}
$$

式中　η_N, η_M——由轴力和弯矩引起的重分配系数，与老化系数相关，即

$$
\left.\begin{aligned}
\eta_N &= \frac{\alpha_N \cdot \varphi_t}{1 + \alpha_N \cdot \rho_N \cdot \varphi_t} \\
\eta_M &= \frac{\alpha_M \cdot \varphi_t}{1 + \alpha_M \cdot \rho_M \cdot \varphi_t}
\end{aligned}\right\} \tag{2.34}
$$

对比式(2.18)和式(2.33)发现，微分方程组与代数方程组的解具有相同的结构。

4)代数方程(AEMM 法)实用近似解

式(2.33)是代数方程的精确解，与式(2.18)类似，较冗长和烦琐，根据与“2)微分方程(RCM 法)实用近似解”相同的原理，可以获得方程组的近似解。即忽略式(2.30)第 1 个方程中 M_{cr} 对混凝土轴向应变的影响，则该方程组的近似解为：

$$
\left.\begin{aligned}
N_{cr} &= (N_{sh} - N_{c0}) \cdot \eta_N \\
M_{cr} &= \left(1 - M_{c0} + N_{cr} \cdot \frac{I_{c0}}{I_s} \cdot \frac{R}{\varphi_t}\right) \cdot \eta_M \\
N_{sr} &= - N_{cr} \\
M_{sr} &= - M_{cr} + N_{cr} \cdot R
\end{aligned}\right\} \tag{2.35}
$$

式中　η_N, η_M——分别由轴力和弯矩引起的重分配系数，见式(2.34)。

对比式(2.26)和式(2.35)，微分方程近似解和代数方程近似解也具有相同结构。

为便于比较，下面列出不同类型的徐变重分布内力的解。

表 2.4　不同方法求解的重分布内力

类　型		重分布内力的解		参　数
迪辛格尔微分方程（RCM 法）	精确解	$N_{cr}=\frac{M_0}{R}\cdot\left\{\begin{array}{l}1-\frac{I_{c0}-I_s}{I_{t0}}+\frac{1}{r_1-r_2}\left[(r_2+\alpha_s)\left(1+\frac{A_{t0}}{A_s}r_1\right)-\frac{I_{c0}}{I_{t0}}\left(r_1+\frac{A_s}{A_{t0}}\right)\right]e^{r_1\varphi_t}-\\ \left[(r_1+\alpha_s)\left(1+\frac{A_{t0}}{A_s}r_2\right)+\frac{I_{c0}}{I_{t0}}\left(r_2+\frac{A_s}{A_{t0}}\right)\right]e^{r_2\varphi_t}\end{array}\right\}-$ $R\left(\frac{A_{c0}}{A_{t0}}N_0+N_{sh}\right)\left\{1+\frac{1}{r_1-r_2}[(r_2-r_1)(1+\beta_{cs})\alpha_s](e^{r_1\varphi_t}-e^{r_2\varphi_t})\right\}$ $M_{cr}=M_0\left\{\left(1-\frac{I_s}{I_{t0}}\right)+\frac{1}{r_1-r_2}\left[(r_2+\alpha_s)\left(1+\frac{A_{t0}}{A_s}r_1\right)e^{r_1\varphi_t}-(r_1+\alpha_s)\left(1+\frac{A_{t0}}{A_s}r_2\right)e^{r_2\varphi_t}\right]\right\}-$ $R\left(\frac{A_{t0}}{A_s}N_0+N_{sh}\right)\left\{1+\frac{1}{r_1-r_2}[(r_2+\alpha_s)e^{r_1\varphi_t}-(r_1+\alpha_s)e^{r_2\varphi_t}]\right\}$ $N_{sr}=-N_{cr}$ $M_{sr}=-M_{cr}+N_{cr}\cdot R$		$\alpha_c=\frac{A_cI_{c0}}{A_{t0}I_{t0}}$ $\alpha_s=-\frac{A_sI_s}{A_{t0}I_{t0}}$ $\beta_{cs}=\frac{I_{c0}}{I_s}$ $r_{1,2}=\frac{1}{2}\left(-(1+\alpha_s+\alpha_c)\pm\sqrt{(1+\alpha_s+\alpha_c)^2-4\alpha_s}\right)$
	近似解	$N_{cr}=(N_{sh}-N_{c0})(1-e^{-\alpha_N\varphi_t})$ $M_{cr}=-M_{c0}\cdot(1-e^{-\alpha_M\cdot\varphi_t})+\frac{I_{c0}}{I_s}\cdot R\cdot N_{cr}\cdot A$ $N_{sr}=-N_{cr}$ $M_{sr}=-M_{cr}+N_{cr}\cdot R$	适用条件 $j=\frac{A_{c0}I_{c0}}{A_sI_s}\leqslant 0.2$	$\alpha_N=\frac{A_sI_s}{A_{t0}(I_{t0}-I_{c0})}$ $\alpha_M=\frac{I_s}{I_{c0}+I_s}$ $A=\frac{\alpha_M\cdot\alpha_N}{\alpha_M-\alpha_N}\cdot\frac{e^{-\alpha_N\cdot\varphi_t}-e^{-\alpha_M\cdot\varphi_t}}{1-e^{-\alpha_N\cdot\varphi_t}}$

特劳斯德-巴增代数方程（AEMM法）	精确解	$N_{cr}=\dfrac{(N_{sh}-N_{c0})\cdot\eta_N-M_{c0}\dfrac{A_{c0}}{I_s}\cdot R\cdot\dfrac{\eta_N\eta_M}{\varphi_t}}{1-\dfrac{A_{c0}}{I_c}\cdot\dfrac{I_{c0}}{I_s}\cdot R^2\cdot\dfrac{\eta_N\cdot\eta_M}{\varphi_t^2}}$ $M_{cr}=\dfrac{-M_{c0}\cdot\eta_M+(N_{sh}-N_{c0})\dfrac{I_{c0}}{I_s}\cdot R\cdot\dfrac{\eta_N\eta_M}{\varphi_t}}{1-\dfrac{A_{c0}}{I_c}\cdot\dfrac{I_{c0}}{I_s}\cdot R^2\cdot\dfrac{\eta_N\cdot\eta_M}{\varphi_t^2}}$ $N_{sr}=-N_{cr}$ $M_{sr}=-M_{cr}+N_{cr}\cdot R$		$\rho_N=\dfrac{E_{c(28)}}{E_{c(28)}-E_R(t,t_0)}-\dfrac{1}{\alpha_N\cdot\varphi(t,t_0)}$ $\rho_M=\dfrac{E_{c(28)}}{E_{c(28)}-E_R(t,t_0)}-\dfrac{1}{\alpha_M\cdot\varphi(t,t_0)}$ $E_R(t,t_0)=\dfrac{0.992}{J(t,t_0)}-\dfrac{0.115}{J(t,t-1)}\left[\dfrac{J\left(t+\dfrac{t+t_0}{2},t_0\right)}{J\left(t,t-\dfrac{t+t_0}{2}\right)}-1\right]$ $J(t,t_0)=\dfrac{1+\varphi_t(t,t_0)}{E_0}$
	近似解	$N_{cr}=(N_{sh}-N_{c0})\cdot\eta_N$ $M_{cr}=\left(-M_{c0}+N_{cr}\cdot\dfrac{I_{c0}}{I_s}\cdot\dfrac{R}{\varphi_t}\right)\cdot\eta_M$ $N_{sr}=-N_{cr}$ $M_{sr}=-M_{cr}+N_{cr}\cdot R$	适用条件 $j=\dfrac{A_{c0}I_{c0}}{A_sI_s}\leqslant 0.2$	$\eta_N=\dfrac{\alpha_N\cdot\varphi_t}{1+\alpha_N\cdot\rho_N\cdot\varphi_t}$ $\eta_M=\dfrac{\alpha_M\cdot\varphi_t}{1+\alpha_M\cdot\rho_M\cdot\varphi_t}$

2.2.2 内力分配法算例分析

【例 2.2】 某大跨度结构的组合梁截面，参数如图 2.7 所示。假设从 $t_0=28$ d 开始加载，计算时间点 $(t-t_0)$ 分别选为：0，3，10，28，60，90，100，200，300，400，500，600，700，800，900 和 1 000 天，根据表 2.4 中不同的解，计算徐变和收缩前后截面的应力和应变（控制点为混凝土板和钢梁各自上下边缘）。

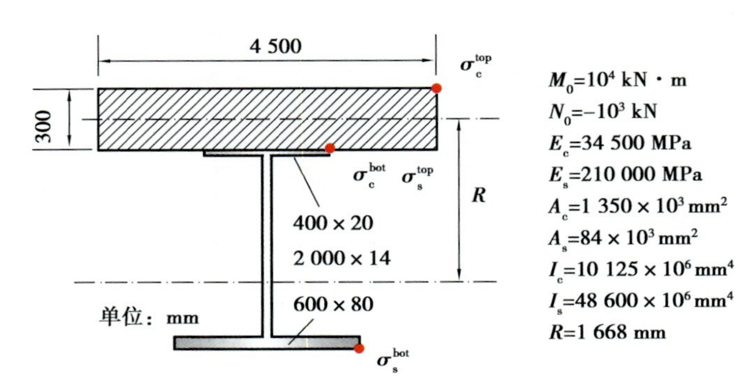

图 2.7 组合梁截面参数

徐变是依赖于荷载的一种变形，而收缩变形不依赖于荷载。为了能更清晰地了解两种变形对组合梁的影响，现把徐变和收缩单独考虑，如果两种情况同时存在，可以进行叠加。

根据参考文献[48]计算徐变系数和收缩应变，截面参数计算结果见表 2.5；截面满足适用条件 $j=\dfrac{A_{c0}I_{c0}}{A_sI_s}=0.09<0.2$，用"2）微分方程（RCM 法）实用近似解"和"4）代数方程（AEMM 法）实用近似解"这两小节推导的公式进行近似求解。表 2.6 和表 2.7 按照表 2.4给出的 4 种解的公式，分别计算了徐变重分布内力和收缩重分布内力；图 2.8 至图 2.11 描绘了 4 种解的对比情况。

表 2.5 基本计算参数（例 2.2）

I_c （$\times10^8$ mm^4）	I_s （$\times10^8$ mm^4）	A_{c0} （$\times10^2$ mm^2）	I_{c0} （$\times10^8$ mm^4）	A_{t0} （$\times10^2$ mm^2）	S_{t0} （$\times10^6$ mm^3）	I_{t0} （$\times10^8$ mm^4）	α_N	α_M
101.25	486.00	2 217.86	16.63	3 057.86	101.62	2 197.67	0.061 2	0.966 9

表 2.6　徐变引起的截面重分布内力(4 种方程解)

$t-t_0$(天)	徐变系数 φ_t	只考虑徐变															
		混凝土截面内力								钢梁截面内力							
		重分布轴力 N_{cr} ($\times 10^2$kN)				重分布弯矩 M_{cr} ($\times 10^3$kN · mm)				重分布轴力 N_{sr} ($\times 10^2$kN)				重分布弯矩 M_{sr} ($\times 10^3$kN · mm)			
		1	2	3	4	1	2	3	4	1	2	3	4	1	2	3	4
3	0.54	1.62	1.73	1.61	1.70	-23.64	-23.18	-20.50	-20.16	-1.62	-1.73	-1.61	-1.70	293.58	311.17	288.48	303.56
10	0.91	2.76	2.91	2.70	2.83	-34.32	-33.79	-29.26	-28.86	-2.76	-2.91	-2.70	-2.83	493.96	519.26	480.33	501.46
30	1.36	4.07	4.26	3.94	4.10	-42.82	-42.32	-36.88	-36.47	-4.07	-4.26	-3.94	-4.10	722.44	753.60	694.66	720.71
60	1.71	5.11	5.32	4.89	5.07	-47.48	-47.05	-41.59	-41.18	-5.11	-5.32	-4.89	-5.07	899.62	933.75	857.78	886.64
90	1.92	5.72	5.94	5.45	5.63	-49.65	-49.26	-43.97	-43.57	-5.72	-5.94	-5.45	-5.63	1 004.16	1 039.56	952.83	983.01
100	1.98	5.89	6.11	5.60	5.78	-50.17	-49.79	-44.57	-44.10	-5.89	-6.11	-5.60	-5.78	1 032.5	1 068.21	978.46	1 008.9
200	2.36	6.96	7.18	6.55	6.75	-53.00	-52.70	-48.01	-47.60	-6.96	-7.18	-6.55	-6.75	1 213.8	1 250.95	1 140.9	1 173.1
300	2.55	7.51	7.74	7.04	7.24	-54.16	-53.90	-49.53	-49.16	-7.51	-7.74	-7.04	-7.24	1 307.60	1 345.20	1 223.95	1 256.91
400	2.69	7.89	8.12	7.37	7.57	-54.85	-54.62	-50.47	-50.11	-7.89	-8.12	-7.37	-7.57	1 370.40	1 408.25	1 279.22	1 312.60
500	2.78	8.14	8.37	7.59	7.79	-55.28	-55.06	-51.08	-50.72	-8.14	-8.37	-7.59	-7.79	1 413.21	1 451.20	1 316.75	1 350.38
600	2.86	8.37	8.60	7.79	7.99	-55.65	-55.44	-51.60	-51.25	-8.37	-8.60	-7.79	-7.99	1 451.91	1 490.00	1 350.56	1 384.40
700	2.93	8.54	8.77	7.94	8.14	-55.91	-55.72	-51.98	-51.63	-8.54	-8.77	-7.94	-8.14	1 481.21	1 519.37	1 376.10	1 410.08
800	2.99	8.72	8.95	8.09	8.30	-56.17	-55.98	-52.35	-52.00	-8.72	-8.95	-8.09	-8.30	1 510.58	1 548.79	1 401.64	1 435.76
900	3.03	8.84	9.07	8.19	8.40	-56.33	-56.15	-52.59	-52.25	-8.84	-9.07	-8.19	-8.40	1 530.15	1 568.40	1 418.63	1 452.84
1 000	3.08	8.95	9.18	8.29	8.50	-56.48	-56.31	-52.82	-52.48	-8.95	-9.18	-8.29	-8.50	1 549.31	1 587.59	1 435.24	1 469.53

注:表中①为微分精确解;②为微分近似解;③为代数精确解;④为代数近似解。

表 2.7　收缩引起的截面重分布内力(4 种方程解)

$t-t_0$ (天)	收缩应变 $\varepsilon_{sh}(t)$ $(\times10^{-6})$	只考虑收缩															
		混凝土板内力								钢梁内力							
		重分布轴力 N_{cr}^{sh} $(\times10^2$kN)				重分布弯矩 M_{cr}^{sh} $(\times10^3$kN · mm)				重分布轴力 N_{sr}^{sh} $(\times10^2$kN)				重分布弯矩 M_{sr}^{sh} $(\times10^3$kN · mm)			
		1	2	3	4	1	2	3	4	1	2	3	4	1	2	3	4
3	−7.5	0.21	0.21	0.21	0.21	0.92	0.90	0.78	0.77	−0.21	−0.21	−0.21	−0.21	34.87	34.18	34.33	33.75
10	−25.0	0.70	0.69	0.68	0.67	2.57	2.53	2.13	2.10	−0.70	−0.69	−0.68	−0.67	114.98	113.08	111.99	110.45
30	−54.5	1.51	1.49	1.45	1.43	4.59	4.54	3.81	3.77	−1.51	−1.49	−1.45	−1.43	247.48	244.14	238.15	235.46
60	−75.0	2.05	2.03	1.95	1.94	5.45	5.40	4.57	4.53	−2.05	−2.03	−1.95	−1.94	337.11	333.20	321.50	318.32
90	−92.5	2.51	2.49	2.38	2.36	6.18	6.13	5.23	5.18	−2.51	−2.49	−2.38	−2.36	413.22	408.83	392.05	388.47
100	−96.3	2.61	2.58	2.47	2.45	6.28	6.24	5.33	5.28	−2.61	−2.58	−2.47	−2.45	429.25	424.79	406.70	403.05
200	−125.0	3.35	3.32	3.14	3.12	7.07	7.04	6.11	6.06	−3.35	−3.32	−3.14	−3.12	551.41	546.48	517.96	513.86
300	−145.0	3.86	3.83	3.61	3.58	7.63	7.60	6.66	6.61	−3.86	−3.83	−3.61	−3.58	635.96	630.69	594.82	590.38
400	−160.0	4.24	4.21	3.95	3.92	8.03	8.00	7.05	7.00	−4.24	−4.21	−3.95	−3.92	699.02	693.51	651.94	647.28
500	−170.0	4.49	4.46	4.18	4.15	8.26	8.24	7.29	7.24	−4.49	−4.46	−4.18	−4.15	740.73	735.09	689.52	684.72
600	−180.0	4.74	4.71	4.40	4.37	8.50	8.48	7.53	7.48	−4.74	−4.71	−4.40	−4.37	782.39	776.62	727.06	722.12
700	−186.3	4.90	4.86	4.54	4.51	8.61	8.59	7.65	7.60	−4.90	−4.86	−4.54	−4.51	808.06	802.24	749.95	744.95
800	−191.3	5.02	4.98	4.65	4.62	8.65	8.63	7.71	7.66	−5.02	−4.98	−4.65	−4.62	828.21	822.38	767.67	762.64
900	−196.3	5.14	5.11	4.76	4.73	8.75	8.74	7.81	7.76	−5.14	−5.11	−4.76	−4.73	848.81	842.92	786.09	781.01
1 000	−198.8	5.20	5.16	4.81	4.78	8.74	8.73	7.82	7.77	−5.20	−5.16	−4.81	−4.78	858.62	852.71	794.48	789.40

注:表中①为微分精确解;②为微分近似解;③为代数精确解;④为代数近似解。

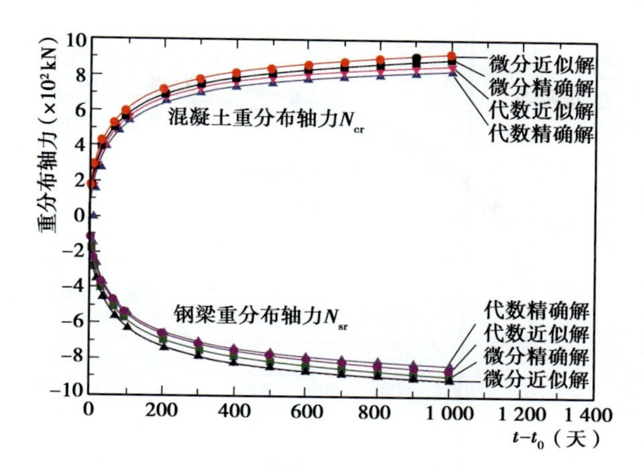

图 2.8　徐变引起的重分布轴力的 4 种解

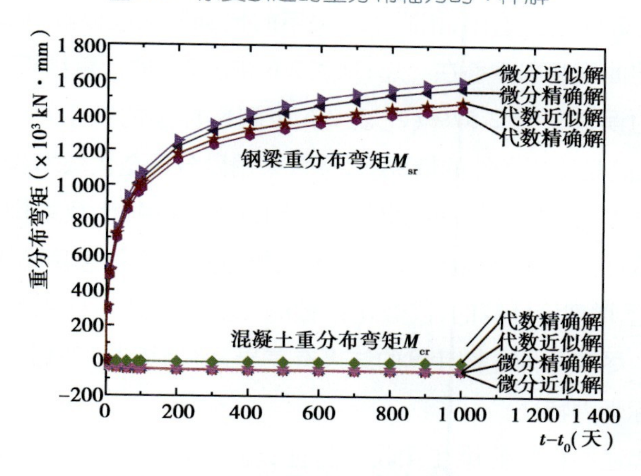

图 2.9　徐变引起的重分布弯矩的 4 种解

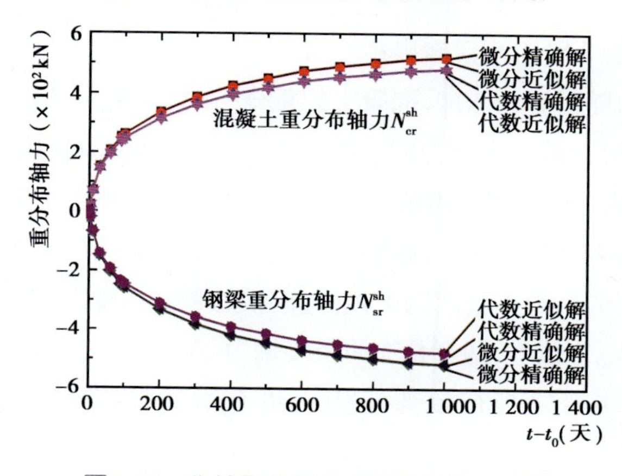

图 2.10　收缩引起的重分布轴力的 4 种解

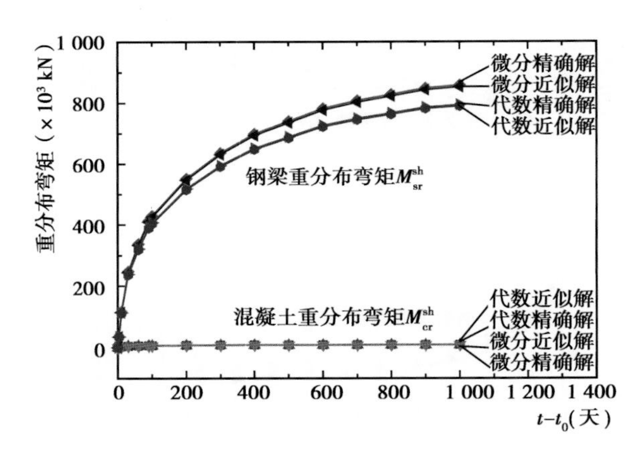

图 2.11　收缩引起的重分布弯矩的 4 种解

从图 2.8 至图 2.11 可以看出，相同本构关系的精确解和近似解具有较高的吻合性，精确解和近似解的曲线基本重叠在一起；从表 2.6 和表 2.7 的计算结果可以看出，精确解和近似解的最大的误差只有 2.57%（见表 2.6 中阴影标出的数字（9.18−8.95）/8.95 = 2.57%）。因此，在满足适用条件的情况下，不管采用微分还是代数本构关系均可用近似解简化计算。不同本构关系计算的结果稍有差别，总的来说，代数本构计算的重分布内力值低于微分本构计算的值，差别的原因在于代数方程本构中采用的老化系数 ρ_N 和 ρ_M 是基于特劳斯德-巴增理论计算的，该老化系数的算法与按迪辛格尔微分方程反算的老化系数算法不同。尽管两种本构计算的结果有差异，但趋势走向吻合较好，均能较好地反映组合梁的实际受力特征。

为了更好地描述组合梁的徐变和收缩特征，现选取微分精确解的结果为研究对象进一步分析。

从表 2.8(a)和表 2.8(b)可以看出：

只考虑徐变时，随时间的增加，混凝土的重分布内力（N_{cr} 和 M_{cr}）都在增大，这一部分内力是由于徐变导致混凝土内力减小的部分，其结果是混凝土板的最终内力（N_{ct} 和 M_{ct}）与初始分配内力（N_{c0} 和 M_{c0}）相比有很大程度的减少，到达 1 000 天时，轴压力减小到原来的 83%（=44.54/53.49），弯矩的变化更显著，减小到原来的 26%（=19.20/75.68）；混凝土减小的内力不断向钢梁转移，钢梁的重分布轴力（N_{cr}）是不断增加的轴压力，因初始轴力 N_{s0} 为拉力，两者叠加的最终轴力（N_{st}）在压方向上增大，拉方向上减小；钢梁截面的最终弯矩与初始弯矩相比也有所增加，最大时为原来的 1.7 倍（=3 759.3/2 210）。

表 2.8(a) 徐变引起的截面内力(微分精确解)

$t-t_0$（天）	徐变系数 φ_t	只考虑徐变											
		混凝土板内力						钢梁内力					
		初始轴力	重分布轴力	最终轴力	初始弯矩	重分布弯矩	最终弯矩	初始轴力	重分布轴力	最终轴力	初始弯矩	重分布弯矩	最终弯矩
		N_{c0}	N_{cr}	N_{ct}	M_{c0}	M_{cr}	M_{ct}	N_{s0}	N_{sr}	N_{st}	M_{s0}	M_{sr}	M_{st}
		($\times 10^2$kN)			($\times 10^3$kN·mm)			($\times 10^2$kN)			($\times 10^3$kN·mm)		
3	0.54	-53.49	1.62	-51.87	75.68	-23.64	52.04	43.49	-1.62	41.87	2 210	293.58	2 503.58
10	0.91	-53.49	2.76	-50.73	75.68	-34.32	41.36	43.49	-2.76	40.73	2 210	493.96	2 703.96
30	1.36	-53.49	4.07	-49.42	75.68	-42.82	32.86	43.49	-4.07	39.42	2 210	722.44	2 932.44
60	1.71	-53.49	5.11	-48.38	75.68	-47.48	28.20	43.49	-5.11	38.38	2 210	899.62	3 109.62
90	1.92	-53.49	5.72	-47.77	75.68	-49.65	26.03	43.49	-5.72	37.77	2 210	1 004.16	3 214.16
100	1.98	-53.49	5.89	-47.60	75.68	-50.17	25.51	43.49	-5.89	37.60	2 210	1 032.52	3 242.52
200	2.36	-53.49	6.96	-46.53	75.68	-53.00	22.68	43.49	-6.96	36.53	2 210	1 213.83	3 423.83
300	2.55	-53.49	7.51	-45.98	75.68	-54.16	21.52	43.49	-7.51	35.98	2 210	1 307.60	3 517.60
400	2.69	-53.49	7.89	-45.60	75.68	-54.85	20.83	43.49	-7.89	35.60	2 210	1 370.40	3 580.40
500	2.78	-53.49	8.14	-45.35	75.68	-55.28	20.40	43.49	-8.14	35.35	2 210	1 413.21	3 623.21
600	2.86	-53.49	8.37	-45.12	75.68	-55.65	20.03	43.49	-8.37	35.12	2 210	1 451.91	3 661.91
700	2.93	-53.49	8.54	-44.95	75.68	-55.91	19.77	43.49	-8.54	34.95	2 210	1 481.21	3 691.21
800	2.99	-53.49	8.72	-44.77	75.68	-56.17	19.51	43.49	-8.72	34.77	2 210	1 510.58	3 720.58
900	3.03	-53.49	8.84	-44.65	75.68	-56.33	19.35	43.49	-8.84	34.65	2 210	1 530.15	3 740.15
1 000	3.08	-53.49	8.95	-44.54	75.68	-56.48	19.20	43.49	-8.95	34.54	2 210	1 549.31	3 759.31

表 2.8(b)　收缩引起的截面内力(微分精确解)

$t-t_0$ (天)	收缩应变 $\varepsilon_{sh}(t)$ (×10^{-6})	只考虑收缩			
		混凝土板内力		钢梁内力	
		重分布轴力 N_{cr}^{sh} (×10^2kN)	重分布弯矩 M_{cr}^{sh} (×10^3kN · mm)	重分布轴力 N_{sr}^{sh} (×10^2kN)	重分布弯矩 M_{sr}^{sh} (×10^3kN · mm)
3	−7.50	0.21	0.92	−0.21	34.87
10	−25.00	0.70	2.57	−0.70	114.98
30	−54.50	1.51	4.59	−1.51	247.48
60	−75.00	2.05	5.45	−2.05	337.11
90	−92.50	2.51	6.18	−2.51	413.22
100	−96.30	2.61	6.28	−2.61	429.25
200	−125.00	3.35	7.07	−3.35	551.41
300	−145.00	3.86	7.63	−3.86	635.96
400	−160.00	4.24	8.03	−4.24	699.02
500	−170.00	4.49	8.26	−4.49	740.73
600	−180.00	4.74	8.50	−4.74	782.39
700	−186.30	4.90	8.61	−4.90	808.06
800	−191.30	5.02	8.65	−5.02	828.21
900	−196.30	5.14	8.75	−5.14	848.81
1 000	−198.80	5.20	8.74	−5.20	858.62

只考虑收缩时，因收缩引起的重分布内力（N_{cr}^{sh}，M_{cr}^{sh}，N_{sr}^{sh}，M_{sr}^{sh}）也随时间增加而增大。由于收缩是因自身材料引起的，与加载无关，组合梁全截面和内部截面的初始内力为零，由于收缩受到钢梁的约束出现了重分布内力，这些内力是自相平衡的，不改变初始内力的大小，全截面上的内力仍为零，如 $t=1\ 000$ 天时组合梁截面上的内力为：$\sum M = N_{sr}^{sh} \cdot R + M_{cr}^{sh} + M_{sr}^{sh} = -5.20 \times 166.8 + 8.74 + 858.62 = 0$；$\sum N = N_{cr}^{sh} + N_{sr}^{sh} = 5.16 - 5.16 = 0$。

为了能更直观地看到各内力的变化，图2.12至图2.17绘出了混凝土和钢梁截面力随时间变化的情况，从图中可以看出：

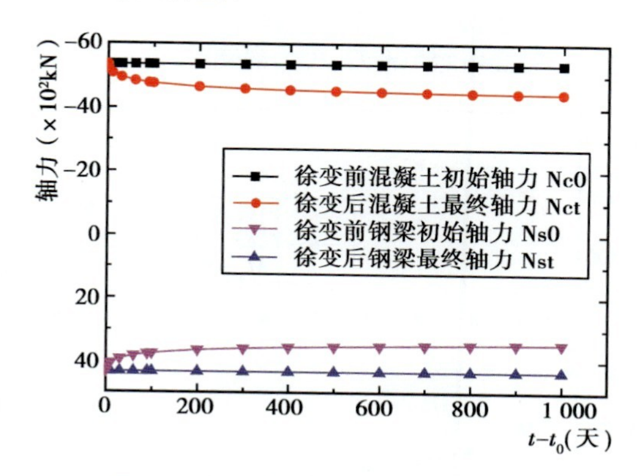

图2.12　徐变引起的混凝土和钢梁截面最终轴力变化（微分精确解）

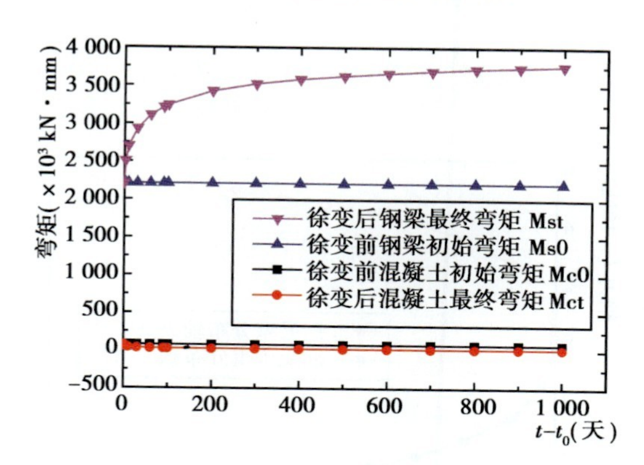

图2.13　徐变引起的混凝土和钢梁截面最终弯矩变化（微分精确解）

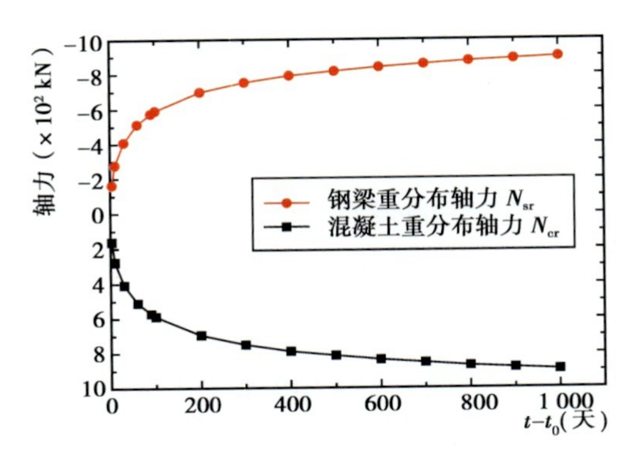

图 2.14　徐变引起的混凝土和钢梁截面重分布轴力(微分精确解)

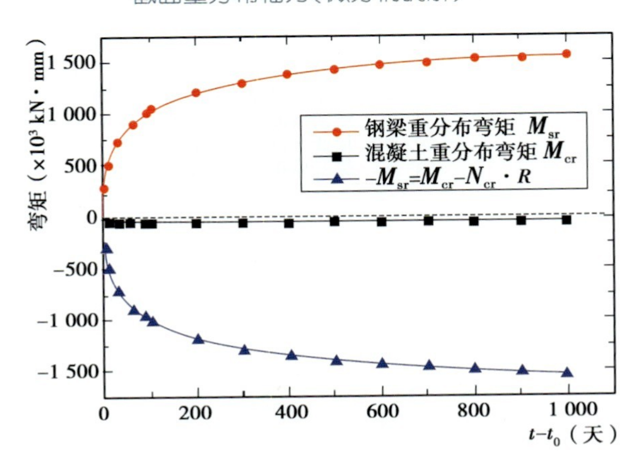

图 2.15　徐变引起的混凝土和钢梁截面重分布弯矩(微分精确解)

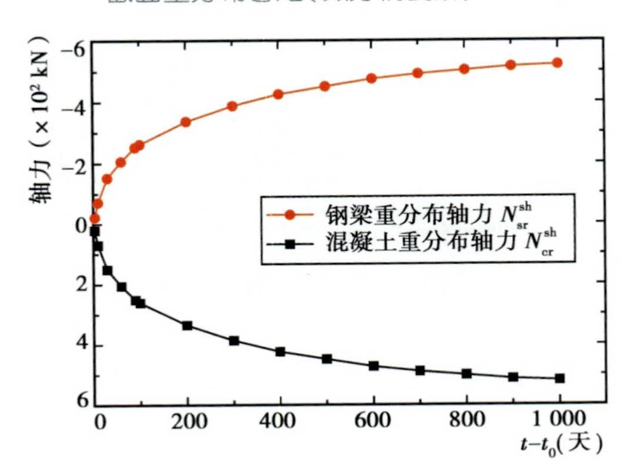

图 2.16　收缩引起的混凝土和钢梁截面重分布轴力(微分精确解)

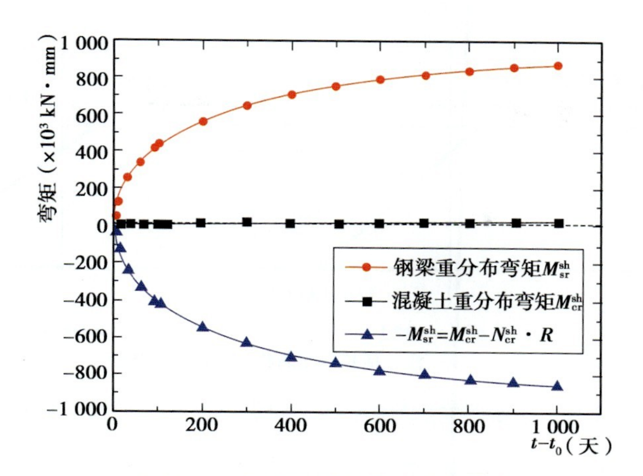

图 2.17　收缩引起的混凝土和钢梁截面重分布弯矩(微分精确解)

①混凝土和钢梁产生的重分布内力在组合梁内部自相平衡,混凝土减小的轴力即是钢梁增加的轴力(见图 2.14 和图 2.16),混凝土的重分布弯矩和轴力形成的弯矩共同与钢梁的重分布弯矩相平衡(见图 2.15 和图 2.17),对应的公式是 $M_{sr}=-M_{cr}+N_{cr}\cdot R$。

②钢梁弯矩的重分布尤为明显,与之相比,混凝土弯矩重分布很小,几乎为零(见图 2.15 和图 2.17)。“2)微分方程(RCM)实用近似解”小节中能获得微分方程组近似解的原因也正是基于这一点特性,混凝土重分布弯矩非常小,可忽略其在混凝土板中产生的轴向变形,使微分方程组解耦能独立求解,从而使计算得到简化。

③在徐变的初期,尤其是前 100 天的重分布效果明显,300 天内基本完成了最终徐变量的 85%左右,重分布内力的增长速度随着时间增加而递减,300 天后的变化量很小,增长速度非常缓慢。收缩重分布内力的发展趋势和徐变的发展趋势相似,只是变化速度更均匀,曲线相对平缓。

以上揭示了各内力因徐变和收缩随时间发展的变化规律,这些内力引起的应力沿截面高度的变化更能反映组合梁的受力特征,在图 2.18 和图 2.19 中分别绘出了组合截面在徐变和收缩前后的应力、应变分布情况,比较时段为 0 天和 1 000 天。

从图 2.18 和图 2.19 可以看出应力、应变分布有如下特点:

①只考虑徐变时,组合梁截面的中性轴向下移动幅度较大,总体趋势是混凝土板应力降低,钢梁应力增加。混凝土板上下边缘应力改变幅度很小,应力趋向均匀,而钢梁的应力变化幅度比混凝土板中的要大很多,尤其是钢梁上边缘的压应力增大显著,其上、下缘应力差明显扩大,趋向不均匀。这对于钢梁的局部稳定是非常不利的,尤其是在工字钢顶部附近的受压腹板上,局部压力在时间效应作用下的显著增长,将很有可能

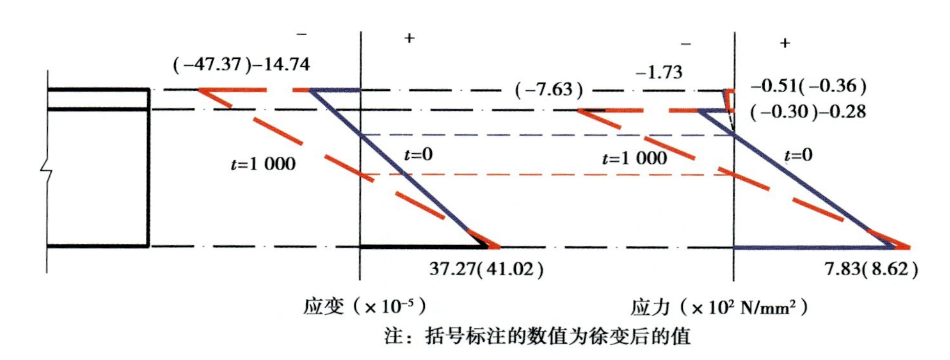

图 2.18　徐变前后组合梁的应力、应变对比（微分精确解）

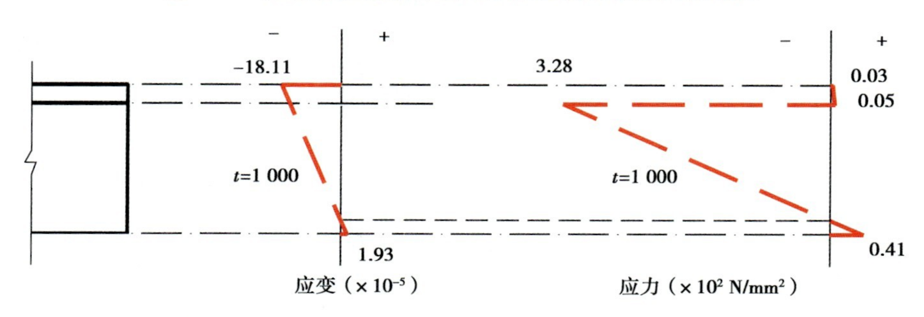

图 2.19　收缩引起组合梁的附加应力、应变（微分精确解）

引起钢梁的局部失稳，在设计中应予以高度重视；混凝土板与钢梁的应变均有所增长，其中混凝土板上翼缘的应变是原来的 3 倍多（见图 2.18），曲率也发生变化，各截面的应变与曲率的变化将导致组合梁在支点处的位移与转角的变化，这对变形要求严格的结构（如轨道交通梁）是非常不利的。

②只考虑收缩时，如果混凝土板能自由收缩，其最大收缩量为 $\varepsilon_{sh\infty}=-20\times10^{-5}$，混凝土板中没有应力，但实际上有钢梁的约束，且是偏心约束，其约束的效应是：

a.混凝土板中出现了拉应力（见图 2.19），钢梁的约束越大，拉应力就越大，当该拉应力大于混凝土抗拉强度时，混凝土板会开裂。

b.受到约束后的最大应变比自由收缩时的小，其比值是（−18.11）/（−20）= 0.91（见图 2.19），这一比值同样会随约束构件刚度大小的变化而改变，约束刚度越大，比值越小，无约束时比值等于 1。

c.由于偏心约束，导致组合截面弯曲，钢梁出现了受压区和受拉区，并且受压区远远大于受拉区。

2.3　直接法

分析思路:组合梁的徐变和收缩问题之所以比素混凝土复杂,主要是因为组合梁由性质特征迥异的两种材料组成,重新调整的应力会发生在不同的两种材料之间,而采用材料力学求解截面应力时,是在单一材料中进行。本书 2.2 节中已采用有效的方法求解了组合梁重分布的应力,但在此过程中需要求解方程组,不便于工程应用。现建立一种新的计算方法——直接法,在内力分配法的基础上,既不用求微分方程也不求代数方程,直接按照材料力学中单一材料的力学公式来计算截面应力,只是配以相应的系数。这些系数涵盖了随时间变化的徐变和收缩时效关系、混凝土与钢梁的特性相关关系,系数做成表格,方便日后使用。因此,该方法的正确与否取决于调整系数。

下面以最简单的徐变问题(某一钢筋混凝土受压柱)作为引例,求解钢筋混凝土柱的徐变调整系数 ψ。

表 2.9　素混凝土柱与钢筋混凝土柱应力计算对比

	无约束自由徐变	弹性约束徐变
	σ_0 $\varepsilon_c(t)$ 素混凝土柱	σ_0 $\varepsilon_c(t)$ 钢筋混凝土柱
混凝土总应变	$\varepsilon_c(t)=\frac{\sigma_0}{E_c}(1+\varphi)$	$\frac{d\sigma_c(t)}{d\varphi}+\alpha_0\sigma_c(t)=0,\alpha_0=\frac{E_sA_s}{E_cA_c+E_sA_s}$ $\varepsilon_c(t)=\frac{\sigma_0}{E_c}\left[1+\left(\frac{\varepsilon^{\alpha_0\varphi}-1}{\alpha_0\varphi}\right)\varphi\right]=\frac{\sigma_0}{E_c}(1+\psi\varphi)$

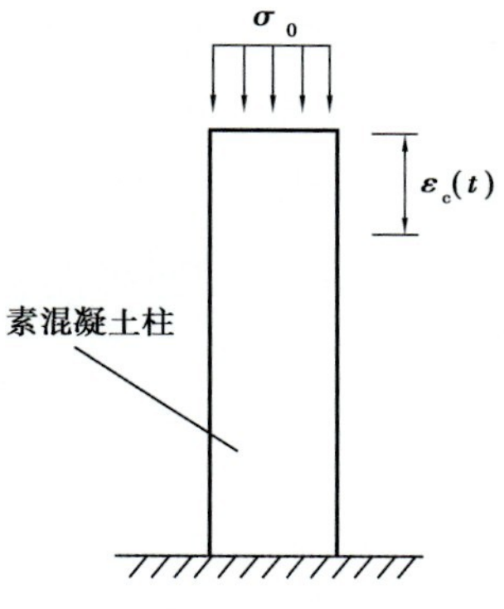

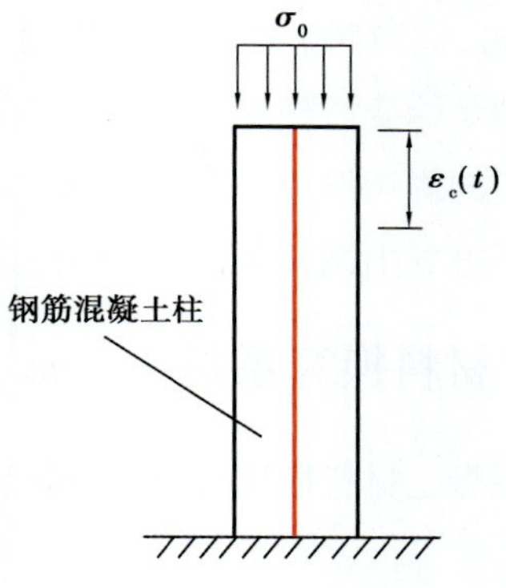

续表

	无约束自由徐变	弹性约束徐变
有效模量	$\dfrac{\sigma_0}{\varepsilon_c(t)}=\dfrac{E_c}{1+\varphi}=\overline{E}_c$	$\dfrac{\sigma_0}{\varepsilon_c(t)}=\dfrac{E_c}{(1+\varphi)}=\overline{E}_{c,\alpha}$
有效模量换算系数	$\dfrac{E_c}{(1+\varphi)}\cdot\dfrac{E_s}{E_s}=\overline{E}_c,\dfrac{E_s}{\overline{E}_c}=(1+\varphi)\dfrac{E_s}{E_c}$ $n_\varphi=(1+\varphi)n_0$	$\dfrac{E_c}{(1+\varphi)}\cdot\dfrac{E_s}{E_s}=\overline{E}_{c,\alpha},\dfrac{E_s}{\overline{E}_{c,\alpha}}=(1+\varphi)\dfrac{E_s}{E_c}$ $n_{\varphi,\alpha}=(1+\varphi)n_0$
徐变调整系数 ψ	$\psi=\dfrac{\varepsilon^{\alpha_0\varphi}-1}{\alpha_0\varphi}$	

从表 2.9 看出，在计算包含徐变影响的截面应力时，两种材料可以换算成一种单一材料，两者之间相差一个系数，这个系数在这里只考虑了最简单的材料特性的情况，未考虑重分布的情况，组合梁中更复杂的应力关系同样可以采用该方法进行计算。表 2.10 列出了单一材料结构和组合结构应力(应变)计算的方法。

从表 2.10 可以看出，把组合梁中的两种材料换算成钢这一种材料，涉及弹性模量换算系数 m_E，同时考虑徐变影响时，还涉及面积换算系数 $m_{A\varphi}$ 和惯性矩换算系数 $m_{I\varphi}$，这些换算系数是徐变调整系数 ψ_A、ψ_I 的函数。ψ_A、ψ_I 需要构建截面重分布内力的函数，才能反映徐变的影响作用。因此，直接法求解问题的关键在于如何通过重分布内力和总内力的关系推导出调整系数 ψ。调整系数根据不同的内力和作用有不同的形式。

2.3.1 材料换算系数 $m_{A\varphi}$、$m_{I\varphi}$

把混凝土材料换算成钢，材料换算系数为

$$m_E=\frac{E_s}{E_c} \tag{2.36}$$

式中 m_E——钢梁与混凝土的弹性模量比。

根据式(2.2)徐变的定义，常应力 $\sigma_c(t_0)$ 作用下，加载龄期为 28 天，t 时刻混凝土的总应变为：

$$\varepsilon_{ct}=\varepsilon_{c0}+\varepsilon_{cr}=\frac{\sigma_c(t_0)}{E_c}(1+\varphi_t) \tag{2.37}$$

表 2.10　单一材料结构和组合结构的应力(应变)计算

<table>
<tr><td colspan="3">单一材料(素混凝土梁)</td><td colspan="4">两种材料(钢-混凝土组合梁)</td></tr>
<tr><td colspan="3"> 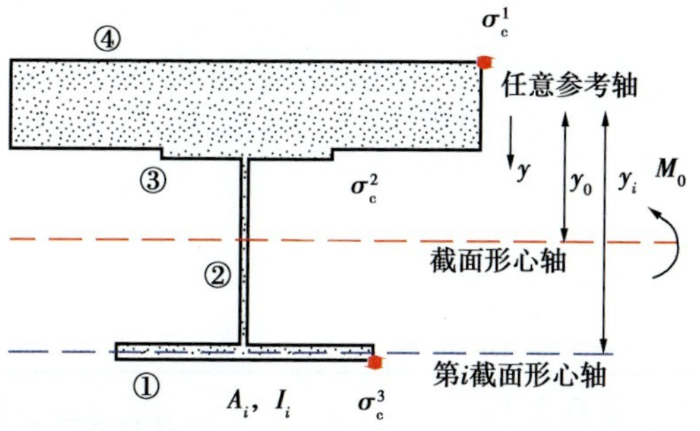④ σ_c^1 任意参考轴 ③ σ_c^2 y y_0 y_i M_0 截面形心轴 ② ① A_i, I_i σ_c^3 第 i 截面形心轴</td><td colspan="4"> 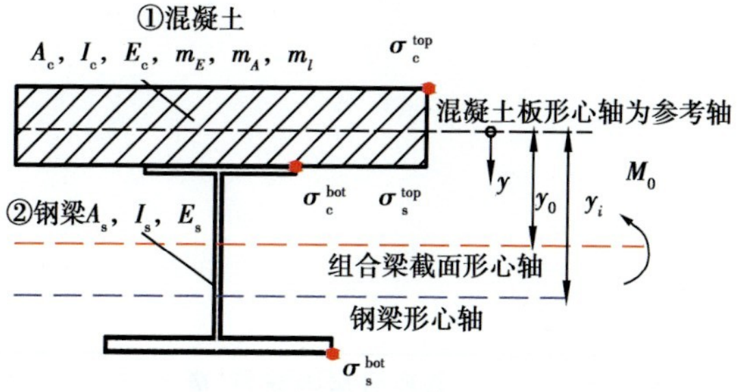①混凝土 A_c, I_c, E_c, m_E, m_A, m_l σ_c^{top} 混凝土板形心轴为参考轴 ②钢梁 A_s, I_s, E_s σ_c^{bot} σ_s^{top} y y_0 y_i M_0 组合梁截面形心轴 钢梁形心轴 σ_s^{bot}</td></tr>
<tr><td colspan="2">单一材料</td><td>$t=0$</td><td>两种材料</td><td>$t=0$</td><td>两种材料</td><td>$t=t$</td></tr>
<tr><td colspan="2">不考虑材料换算</td><td>不考虑徐变</td><td>考虑材料换算</td><td>不考虑徐变</td><td>考虑材料换算</td><td>考虑徐变</td></tr>
<tr><td>应力</td><td colspan="2">$\sigma_c^1=\dfrac{M_0}{I_{c0}}\cdot y_c^1$
$\sigma_c^2=\dfrac{M_0}{I_{c0}}\cdot y_c^2$
$\sigma_c^3=\dfrac{M_0}{I_{c0}}\cdot y_c^3$
$I_{c0}=\sum I_i+\sum A_i y_i^2-y_0^2 A_i$</td><td colspan="2">$m_E=\dfrac{E_s}{E_c}$　$\sigma_c^{top}=\dfrac{M_0}{I_{t0}}\cdot\dfrac{y_c^{top}}{m_E}$
$\sigma_c^{bot}=\dfrac{M_0}{I_{t0}}\cdot\dfrac{y_c^{top}}{m_E}$
$\sigma_s^{top}=\dfrac{M_0}{I_{t0}}\cdot y_s^{top}$　$\sigma_s^{bot}=\dfrac{M_0}{I_{t0}}\cdot y_s^{bot}$
$I_{t0}=\sum I_i+\sum A_i y_i^2-y_0^2 A_i$
$=\left(I_s+\dfrac{I_c}{m_E}\right)+\left(A_s y_s^2+\dfrac{A_c}{m_E}\cdot 0\right)-y_0^2\left(A_s+\dfrac{A_c}{m_E}\right)$</td><td colspan="2">$m_E=\dfrac{E_s}{E_c}$　$m_{A\varphi}=m_E(1+\psi_A\cdot\varphi_t)$
$\sigma_c^{top}=\dfrac{M_0}{I_{tt}}\cdot\dfrac{y_c^{top}}{m_{A\varphi}}$　$\sigma_c^{bot}=\dfrac{M_0}{I_{tt}}\cdot\dfrac{y_c^{top}}{m_{A\varphi}}$
$\sigma_s^{top}=\dfrac{M_0}{I_{tt}}\cdot y_s^{top}$　$\sigma_s^{bot}=\dfrac{M_0}{I_{tt}}\cdot y_s^{bot}$
$I_{tt}=\sum I_i+\sum A_i y_i^2-y_0^2 A_i$
$=\left(I_s+\dfrac{I_c}{m_{A\varphi}}\right)+\left(A_s y_s^2+\dfrac{A_c}{m_{A\varphi}}\cdot 0\right)-y_0^2\left(A_s+\dfrac{A_c}{m_{A\varphi}}\right)$</td></tr>
</table>

续表

<table>
<tr><td colspan="2">单一材料</td><td>$t = 0$</td><td>两种材料</td><td>$t = 0$</td><td>两种材料</td><td>$t = t$</td></tr>
<tr><td colspan="2">不考虑材料换算</td><td>不考虑徐变</td><td>考虑材料换算</td><td>不考虑徐变</td><td>考虑材料换算</td><td>考虑徐变</td></tr>
<tr><td>应变</td><td colspan="2">$\varepsilon_{c}^{1} = \dfrac{\sigma_{c}^{1}}{E_{c}}$
$\varepsilon_{c}^{2} = \dfrac{\sigma_{c}^{2}}{E_{c}}$
$\varepsilon_{c}^{3} = \dfrac{\sigma_{c}^{3}}{E_{c}}$</td><td colspan="2">$\varepsilon_{c}^{top} = \dfrac{M_0}{E_c I_{t0}} \cdot \dfrac{y_{c}^{top}}{m_E}$
$\varepsilon_{c}^{bot} = \varepsilon_{s}^{top}$
$= \dfrac{M_0}{E_c I_{t0}} \cdot \dfrac{y_{c}^{bot}}{m_E}$
$= \dfrac{M_0}{E_c I_{t0}} \cdot y_{s}^{top}$
$\varepsilon_{s}^{bot} = \dfrac{M_0}{E_c I_{t0}} \cdot y_{s}^{bot}$</td><td colspan="2">$\varepsilon_{c}^{top} = \dfrac{M_0}{E_c(1+\psi\varphi_t) I_{tt}} \cdot \dfrac{y_{c}^{top}}{m_{A\varphi}}$
$\varepsilon_{c}^{bot} = \varepsilon_{s}^{top}$
$= \dfrac{M_0}{E_c(1+\psi\varphi_t) I_{tt}} \cdot \dfrac{y_{c}^{top}}{m_{A\varphi}}$
$= \dfrac{M_0}{E_c I_{tt}} \cdot y_{s}^{top}$
$\varepsilon_{s}^{bot} = \dfrac{M_0}{E_c I_{tt}} \cdot y_{s}^{bot}$</td></tr>
<tr><td>小结</td><td colspan="2">单一材料:应力和应变按材料力学公式计算。</td><td colspan="2">在单一材料应力应变计算公式的基础上,把混凝土材料换算成钢来计算:换算系数为 m_E。</td><td colspan="2">在考虑换算材料的基础上,同时考虑徐变应力重分布影响:换算系数为 $m_{A\varphi}$,该系数是 ψ_A 的函数,这些函数是徐变重分布内力的函数。</td></tr>
</table>

令 $E_{c\varphi}=\dfrac{E_c}{1+\varphi_t}$，式(2.37)可以写成

$$\varepsilon_{ct}=\frac{\sigma_c(t_0)}{E_{c\varphi}} \tag{2.38}$$

式中　$E_{c\varphi}$——考虑了徐变影响的混凝土有效弹性模量。

$$E_{c\varphi}=\frac{E_c}{1+\varphi_t}\cdot\frac{E_s}{E_s}=\frac{E_s}{(1+\varphi_t)m_E}=\frac{E_s}{m_{E\varphi}} \tag{2.39}$$

式中 $m_{E\varphi}=m_E(1+\varphi_t)$，按特劳斯德-巴增理论，当荷载逐渐作用于混凝土，对每一荷载增量，徐变系数是不同的。为了反映龄期效应，采用降低的系数来反映龄期效应，即 2.2 节中式(2.27)引入的 ρ_t，对于素混凝土而言，称为老化系数。文中引入的系数 ψ 不但体现了龄期效应，还包含了应力重分布、材料统一等关系，所以称为调整系数，则混凝土有效弹性模量可以写成：

$$E_{c\varphi}=\frac{E_c}{1+\psi\cdot\varphi_t} \tag{2.40}$$

$$m_{E\varphi}=m_E(1+\psi\cdot\varphi_t) \tag{2.41}$$

式中　$m_{E\varphi}$——考虑徐变影响的钢梁与混凝土的有效弹性模量比；

ψ——考虑徐变影响的调整系数。

在组合梁截面参数计算中涉及截面面积和惯性矩，有效比值分别为

$$\left.\begin{aligned}m_{A\varphi}&=m_E(1+\psi_A\cdot\varphi_t)\\m_{I\varphi}&=m_E(1+\psi_I\cdot\varphi_t)\end{aligned}\right\} \tag{2.42}$$

式中　$m_{A\varphi}$，$m_{I\varphi}$——考虑徐变影响的钢梁与混凝土的有效面积、惯性矩比；

ψ_A——考虑徐变影响的面积调整系数；

ψ_I——考虑徐变影响的惯性矩调整系数。

同理，对应的收缩为

$$\left.\begin{aligned}m_{A\mathrm{sh}}&=m_E(1+\psi_{A\mathrm{sh}}\cdot\varphi_t)\\m_{I\mathrm{sh}}&=m_E(1+\psi_{I\mathrm{sh}}\cdot\varphi_t)\end{aligned}\right\} \tag{2.43}$$

式中　$m_{A\mathrm{sh}}$，$m_{I\mathrm{sh}}$——考虑收缩影响的钢梁与混凝土的面积、惯性矩有效比值；

$\psi_{A\mathrm{sh}}$——考虑收缩影响的面积调整系数；

$\psi_{I\mathrm{sh}}$——考虑收缩影响的惯性矩调整系数。

2.3.2　徐变调整系数 ψ_A、ψ_I

2.2 节的内力分配法是已知组合截面内力，逐级分配到混凝土板和钢梁截面。本节

采用的直接法是内力分配法的逆解法，是将考虑了徐变和收缩重分布的分配内力反算到组合截面内力中，从而找到分配截面与总截面的内在关系，体现在计算中推导徐变调整系数和收缩调整系数。

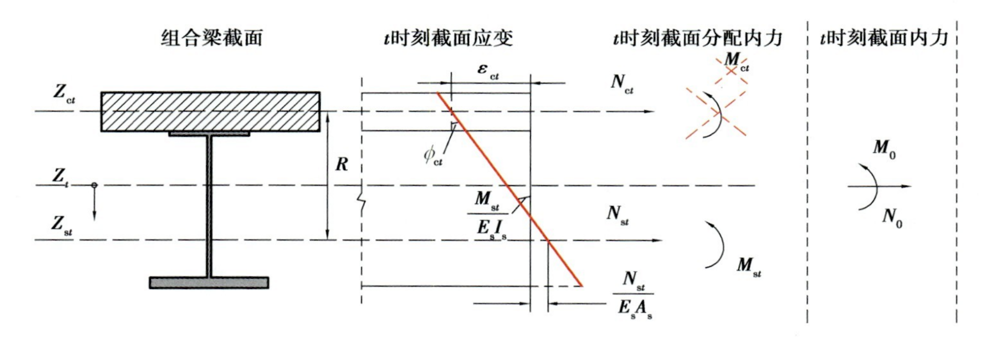

图 2.20　组合梁截面受力和变形关系（只考虑徐变）

从图 2.20 可以很清楚地看出分配截面与总截面的受力和变形关系。直接法的推导过程同样需要建立徐变本构关系。通过 2.2 节分析知道，用龄期调整有效模量法建立的代数方程计算结果更精确。同时也验证了近似方法的精度。以下推导的直接法即以代数方程近似解进行分析，其他 3 种方程的解也可按类似的方法计算。徐变和收缩前后，钢梁的弹性模量不发生改变，钢梁截面相应的应变和曲率可以按材料力学公式求解，混凝土的有效弹性模量是随时间变化的，可以根据变形协调关系建立。

平衡条件：

$$\left.\begin{aligned} N_{st}^{M} &= -N_{ct}^{M} \\ M_{st}^{M} &= M_0 + N_{ct}^{M} \cdot R \end{aligned}\right\}\text{（弯矩单独引起）} \tag{2.44}$$

$$\left.\begin{aligned} N_0 &= N_{ct}^{N} + N_{st}^{N} \\ M_{st}^{N} &= N_{ct}^{N} \cdot R + N_0 \cdot \frac{A_{c0}}{A_{t0}} \cdot R \end{aligned}\right\}\text{（轴力单独引起）} \tag{2.45}$$

变形条件：

$$\left.\begin{aligned} \varepsilon_{ct} &= \frac{N_{st}}{E_s \cdot A_s} - \frac{M_{st}}{E_s \cdot I_s} \\ \phi_{ct} &= \frac{M_{st}}{E_s \cdot I_s} \end{aligned}\right\} \tag{2.46}$$

混凝土的应变和曲率还可以表示为：

$$\left.\begin{aligned}\varepsilon_{ct} &= \frac{N_{ct}}{\dfrac{E_c}{1+\psi_A \cdot \varphi_t} \cdot A_c} \\ \phi_{ct} &= \frac{M_{ct}}{\dfrac{E_c}{1+\psi_I \cdot \varphi_t} \cdot I_c}\end{aligned}\right\} \tag{2.47}$$

式(2.42)代入式(2.47),得:

$$\left.\begin{aligned}\varepsilon_{ct} &= \frac{N_{ct}}{E_c \cdot \dfrac{m_E}{m_{A\varphi}} \cdot A_c} = \frac{m_{A\varphi}}{m_E} \cdot \frac{N_{ct}}{E_c \cdot A_c} \\ \phi_{ct} &= \frac{M_{ct}}{E_c \cdot \dfrac{m_E}{m_{I\varphi}} \cdot I_c} = \frac{m_{I\varphi}}{m_E} \cdot \frac{M_{ct}}{E_c \cdot I_c}\end{aligned}\right\} \tag{2.48}$$

式(2.48)代入式(2.46),得:

$$\left.\begin{aligned}\frac{m_{A\varphi}}{m_E} \cdot \frac{N_{ct}}{E_c \cdot A_c} &= \frac{N_{st}}{E_s \cdot A_s} - \frac{M_{st}}{E_s \cdot I_s} \\ \frac{m_{I\varphi}}{m_E} \cdot \frac{M_{ct}}{E_c \cdot I_c} &= \frac{M_{st}}{E_s \cdot I_s}\end{aligned}\right\} \tag{2.49}$$

徐变调整系数 ψ 根据不同的初始内力会有不同的表达式。

初始内力只有弯矩时,式(2.44)和式(2.49)中 $N_{ct}^M = -N_{st}^M = N_{ct}$, $M_{st}^M = M_{st}$,将式(2.44)代入式(2.49)第一个方程得:

$$\frac{m_{A\varphi}}{m_E} \cdot \frac{N_{ct}^M}{E_c \cdot A_c} = \frac{(-N_{ct}^M)}{E_s \cdot A_s} - \frac{M_0 + N_{ct}^M \cdot R}{E_s \cdot I_s} \tag{2.50}$$

式(2.50)变换为:

$$\begin{aligned}\frac{m_{A\varphi}}{m_E} &= -\frac{M_0}{N_{ct}^M} \cdot \frac{A_{co}}{I_s} \cdot R - \frac{A_{co}}{I_s} \cdot R^2 - \frac{A_{co}}{A_s} - 1 + 1 \\ &= -\frac{M_0}{N_{ct}^M} \cdot \frac{A_{co}}{I_s} \cdot R - \frac{(S_{t0} \cdot R + I_s) \cdot A_{t0}}{A_s \cdot I_s} + 1\end{aligned} \tag{2.51}$$

构造式(2.42)的算式:

$$m_{A\varphi} = m_E \cdot \left[1 + \underbrace{\frac{1}{\varphi_t}\left(-\frac{M_0}{N_{ct}^M} \cdot \frac{A_{co}}{I_s} \cdot R - \frac{1}{\alpha_N}\right)}_{\psi_A^M} \cdot \varphi_t\right] \tag{2.52}$$

即

$$\psi_A^M = \frac{1}{\varphi_t}\left(-\frac{M_0}{N_{ct}^M}\cdot\frac{A_{co}}{I_s}\cdot R - \frac{1}{\alpha_N}\right) \tag{2.53}$$

式中　ψ_A^M——初始内力只有弯矩时，考虑徐变影响的面积调整系数；

α_N 的表达式与 2.2 节的一样，即 $\alpha_N = \dfrac{A_s I_s}{A_{t0}(I_{t0}-I_{c0})}$。

同理，将式(2.44)代入式(2.49)第二个方程得：

$$\psi_I^M = \frac{1}{\varphi_t}\left(\frac{M_0 + N_{ct}^M\cdot R}{M_{ct}^M}\cdot\frac{I_{c0}}{I_s}\cdot R - 1\right) \tag{2.54}$$

式中　ψ_I^M——初始内力只有弯矩时，考虑徐变影响的惯性矩调整系数。

初始内力只有轴力时，式(2.45)和式(2.49)中 $N_{ct}^N = -N_{st}^N = N_{ct}$，$M_{st}^N = M_{st}$，将式(2.45)代入式(2.49)第一个方程得：

$$\frac{m_{A\varphi}}{m_E}\cdot\frac{N_{ct}^N}{E_c\cdot A_c} = \frac{N_{ct}^N\cdot R - N_t\cdot\dfrac{A_{c0}}{A_{t0}}\cdot R}{E_s\cdot I_s}\cdot R + \frac{N_t - N_{ct}^N}{E_s\cdot A_s} \tag{2.55}$$

式(2.55)变换为：

$$\frac{m_{A\varphi}}{m_E} = \frac{N_0}{N_{ct}^N}\cdot\left(\frac{1}{\alpha_N}\cdot\frac{A_{c0}}{A_{t0}} - \frac{1}{\alpha_N}\right) + 1 \tag{2.56}$$

构造式(2.42)的算式：

$$m_{A\varphi} = m_E\left[1 + \underbrace{\frac{1}{\varphi_t}\cdot\left(\frac{N_0}{N_{ct}^N}\cdot\frac{1}{\alpha_N}\cdot\frac{A_{c0}}{A_{t0}} - \frac{1}{\alpha_N}\right)}_{\psi_A^N}\cdot\varphi_t\right] \tag{2.57}$$

即

$$\psi_A^N = \frac{1}{\varphi_t}\cdot\left(\frac{N_0}{N_{ct}^N}\cdot\frac{1}{\alpha_N}\cdot\frac{A_{c0}}{A_{t0}} - \frac{1}{\alpha_N}\right) \tag{2.58}$$

式中　ψ_A^N——初始内力只有轴力时，考虑徐变影响的面积调整系数；

α_N 的表达式与 2.2 节的一样，即 $\alpha_N = \dfrac{A_s I_s}{A_{t0}(I_{t0}-I_{c0})}$。

同理，将式(2.45)代入式(2.49)第二个方程得：

$$\psi_I^N = \frac{1}{\varphi_t}\cdot\left(\frac{N_{cr}}{M_{ct}^N}\cdot R\cdot\frac{I_{c0}}{I_s} - 1\right) \tag{2.59}$$

式中　ψ_I^N——初始内力只有轴力时，考虑徐变影响的惯性矩调整系数。

从式(2.53)、式(2.54)和式(2.58)、式(2.59)可以看出，调整系数与混凝土板和钢梁各自截面的重分配内力或最终内力相关，根据表 2.4 中重分配内力不同的解，代入调整系数方程式，就能得到各相关调整系数表达式。表 2.11 列出了基于微分方程和代数方程近似解的组合梁的徐变调整系数，同理，代入精确解也能得到相应的调整系数。

表 2.11　组合梁徐变调整系数 ψ_A、ψ_I

类型	重分布内力的解	徐变调整系数 ψ	
迪辛格尔微分方程（RCM 法）	$N_{cr}=(N_{sh}-N_{c0})(1-e^{-\alpha_N\cdot\varphi_t})$ $M_{cr}=-M_{c0}\cdot(1-e^{-\alpha_M\cdot\varphi_t})+\frac{I_{c0}}{I_s}\cdot R\cdot N_{cr}\cdot A$ $N_{sr}=-N_{cr}$ $M_{sr}=-M_{cr}+N_{cr}\cdot R$ 适用条件：$j=\frac{A_{c0}I_{c0}}{A_sI_s}\leqslant 0.2$ $\alpha_N=\frac{A_sI_s}{A_{t0}(I_{t0}-I_{c0})},\alpha_M=\frac{I_s}{I_{c0}+I_s},$ $A=\frac{\alpha_M\cdot\alpha_N}{\alpha_M-\alpha_N}\cdot\frac{e^{-\alpha_N\cdot\varphi_t}-e^{-\alpha_M\cdot\varphi_t}}{1-e^{-\alpha_N\cdot\varphi_t}}$	初始内力只有弯矩	$\psi_A^M=\frac{e^{\alpha_N\cdot\varphi_t}-1}{\alpha_N\cdot\varphi_t}$ $\psi_I^M=\frac{(1-e^{\alpha_N\cdot\varphi_t})\cdot(1-k)+k\cdot\varphi_t}{\varphi_t[1-(1-e^{-\varphi_t})\cdot(1-k)]}$ 参数：$\beta_M=\frac{S_{t0}}{I_s}\cdot R$ $k=\beta_M\cdot\frac{1-e^{-\alpha_N}\cdot\varphi_t}{\varphi_t}$
		初始内力只有轴力	$\psi_A^N=\frac{e^{\alpha_N\cdot\varphi_t}-1}{\alpha_N\cdot\varphi_t}=\psi_A^M$ $\psi_I^N=\frac{1-A}{\varphi_t\cdot A}$ 参数：$A=\frac{\alpha_N\cdot\alpha_M}{\alpha_M-\alpha_N}\cdot\frac{e^{-\alpha_N\cdot\varphi_t}-e^{-\alpha_M\cdot\varphi_t}}{1-e^{-\alpha_N\cdot\varphi_t}}$
特劳斯德-巴增代数方程（AEMM 法）	$N_{cr}=(N_{sh}-N_{c0})\cdot\eta_N$ $M_{cr}=\left(-M_{c0}+N_{cr}\cdot\frac{I_{c0}}{I_s}\cdot\frac{R}{\varphi_t}\right)\cdot\eta_M$ $N_{sr}=-N_{cr}$ $M_{sr}=-M_{cr}+N_{cr}\cdot R$ 适用条件：$j=\frac{A_{c0}I_{c0}}{A_sI_s}\leqslant 0.2$ 参数：$\rho_N=\left(1+\frac{\omega_t}{E_c}\right)^{-1}-\frac{1}{\alpha_N\cdot\varphi_t}$ $\rho_M=\left(1+\frac{\omega_t}{E_c}\right)^{-1}-\frac{1}{\alpha_M\cdot\varphi_t}$ $\omega_t=E_c(1-\xi)$ $\xi=\frac{\sigma_{t1}-\sigma_{t0}}{\sigma_{t1}}$	初始内力只有弯矩	$\psi_A^M=\frac{1}{1-\alpha_N\cdot\varphi_t(1-\rho_N)}$ $\psi_I^M=\frac{\eta_M+\beta_M\cdot\eta_N\left(1-\frac{\eta_M}{\varphi_t}\right)}{\varphi_t(1-\eta_M)+\beta_M\cdot\eta_N\cdot\eta_M}$ 参数：$\beta_M=\frac{S_{t0}}{I_s}\cdot R$
		初始内力只有轴力	$\psi_A^N=\frac{1}{1-\alpha_N\cdot\varphi_t(1-\rho_N)}=\psi_A^M$ $\psi_I^N=\frac{\varphi_t-\eta_M}{\varphi_t\cdot\eta_M}$ $\eta_N=\frac{\alpha_N\cdot\varphi_t}{1+\alpha_N\cdot\rho_N\cdot\varphi_t},$ $\eta_M=\frac{\alpha_M\cdot\varphi_t}{1+\alpha_M\cdot\rho_M\cdot\varphi_t}$

2.3.3 收缩调整系数 ψ_{Ash}、ψ_{Ish}

如图 2.21 所示，假设混凝土板与钢梁之间无联系，混凝土板可以自由收缩，自由收缩应变为 ε^f_{sh}，混凝土板和钢梁之间用抗剪连接件相连，则钢梁对混凝土板有约束应变 ε_{cr}，产生拉力 N_{ct}，即混凝土板重分布轴力 N_{cr}，则混凝土板的收缩应变为 $\varepsilon_{sht}=\varepsilon^f_{sh}-\varepsilon_{cr}$；钢梁对应地产生与 N_{ct} 大小相等、方向相反的回弹压力 N_{st} 和弯矩 M_{st}。

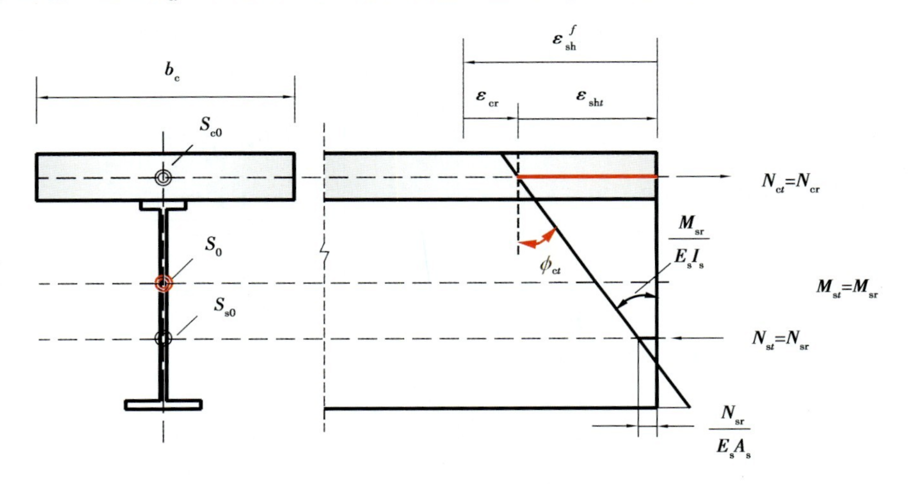

图 2.21　组合梁截面受力和变形关系（只考虑收缩）

与徐变计算类似，根据式（2.46）的相容关系，收缩的变形条件为：

$$\varepsilon_{sht}=\varepsilon^f_{sh}-\varepsilon_{cr}=\frac{M_{sr}}{E_sI_s}\cdot R-\frac{N_{sr}}{E_sA_s} \tag{2.60}$$

根据式（2.48）得：

$$\varepsilon_{sht}=\frac{N_{ct}}{E_c\cdot\dfrac{m_E}{m_{Ash}}\cdot A_c}=\frac{m_{Ash}}{m_E}\cdot\frac{N_{ct}}{E_c\cdot A_c} \tag{2.61}$$

将式（2.61）代入式（2.44），根据不同的重分布内力的解，计算出相应的收缩调整系数，表 2.12 列出了组合梁的收缩调整系数。

表 2.12　组合梁收缩调整系数 ψ_{Ash}、ψ_{Ish}

类　型	重分布内力的解	收缩调整系数 ψ
迪辛格尔微分方程（RCM 法）	$N_{cr}=N_{sh}(1-e^{-\alpha_N\cdot\varphi_t})$ $M_{cr}=\dfrac{I_{c0}}{I_s}\cdot R\cdot N_{cr}\cdot A$ $N_{sr}=-N_{cr}$ $M_{sr}=N_{cr}\cdot R$ 适用条件：$j=\dfrac{A_{c0}I_{c0}}{A_sI_s}\leqslant 0.2$ $\alpha_N=\dfrac{A_sI_s}{A_{t0}(I_{t0}-I_{c0})},\alpha_M=\dfrac{I_s}{I_{c0}+I_s}$, $A=\dfrac{\alpha_M\cdot\alpha_N}{\alpha_M-\alpha_N}\cdot\dfrac{e^{-\alpha_N\cdot\varphi_t}-e^{-\alpha_M\cdot\varphi_t}}{1-e^{-\alpha_N\cdot\varphi_t}}$	$\psi_{Ash}=\dfrac{\alpha_N\cdot\varphi_t-(1-e^{-\alpha_N\cdot\varphi_t})}{\alpha_N\cdot\varphi_t\cdot(1-e^{-\alpha_N\cdot\varphi_t})}$ $\psi_{Ish}=\dfrac{1-A}{\varphi_t\cdot A}$ 参数： $A=\dfrac{\alpha_N\cdot\alpha_M}{\alpha_M-\alpha_N}\cdot\dfrac{e^{-\alpha_N\cdot\varphi_t}-e^{-\alpha_M\cdot\varphi_t}}{1-e^{-\alpha_N\cdot\varphi_t}}$ 收缩合力：$N_{sh}=\dfrac{\varepsilon_{sh\infty}}{\varphi_\infty}E_cA_c$
特劳斯德-巴增代数方程（AEMM 法）	$N_{cr}=N_{sh}\cdot\eta_N$ $M_{cr}=N_{cr}\cdot\dfrac{I_{c0}}{I_s}\cdot\dfrac{R}{\varphi_t}\cdot\eta_M$ $N_{sr}=-N_{cr}$ $M_{sr}=-M_{cr}+N_{cr}\cdot R$ 适用条件：$j=\dfrac{A_{c0}I_{c0}}{A_sI_s}\leqslant 0.2$ 收缩合力：$N_{sh}=\dfrac{\varepsilon_{sh\infty}}{\varphi_\infty}E_cA_c$ 参数： $\rho_N=\left(1+\dfrac{\omega_t}{E_c}\right)^{-1}-\dfrac{1}{\alpha_N\cdot\varphi_t}$ $\rho_M=\left(1+\dfrac{\omega_t}{E_c}\right)^{-1}-\dfrac{1}{\alpha_M\cdot\varphi_t}$ $\omega_t=E_c(1-\xi),\xi=\dfrac{\sigma_{t1}-\sigma_{t0}}{\sigma_{t1}}$	$\psi_{Ash}=\dfrac{\alpha_N\cdot\varphi_t-\eta_N}{\alpha_N\cdot\varphi_t-\eta_N}$ $\psi_{Ish}=\dfrac{\varphi_t-\eta_M}{\varphi_t\cdot\eta_M}$ $\eta_N=\dfrac{\alpha_N\cdot\varphi_t}{1+\alpha_N\cdot\rho_N\cdot\varphi_t}$ $\eta_M=\dfrac{\alpha_M\cdot\varphi_t}{1+\alpha_M\cdot\rho_M\cdot\varphi_t}$

则收缩引起的合力和弯矩为：

$$\left.\begin{aligned} N_{\mathrm{sh}} &= \varepsilon_{\mathrm{sh}} \frac{m_E}{m_{A\mathrm{sh}}} \cdot E_{\mathrm{c}} \cdot A_{\mathrm{c}} \\ M_{\mathrm{sh}} &= N_{\mathrm{sh}} \cdot R \end{aligned}\right\} \tag{2.62}$$

2.3.4 混凝土截面有效厚度 d_{cr}

若不考虑徐变影响，组合梁截面的应变零点与应力零点应该对应在同一水平线上。混凝土和钢梁的应变在同一截面，混凝土弹性模量小于钢梁，因此在交界处应力会产生突变，但混凝土应力延长线应该与钢梁零点相交。

考虑徐变后，混凝土应力线反向延长后与钢梁应力零点不相交，如果不进行等效换算，计算的应力将出现错误，因此需要对混凝土的截面尺寸进行等效换算。考虑徐变和收缩后，最终的应力、应变如图 2.22 所示。从应变图可以知道，为了使组合梁的两种材料换算成一种，并考虑徐变收缩影响，轴向应变通过 m_A 进行调整，曲率通过 m_I 进行调整。相应的应力有如下关系：①线代表通过系数 m_A 调整后钢梁的应力；②线代表通过系数 m_A 调整后的混凝土应力，该线的反向延长线与钢梁应力零点相交；③线是通过系数 m_I 调整后的混凝土应力，该应力线与钢梁应力零点不相交。为了协调统一，通过应力差与混凝土截面高度的比例关系，引入虚拟的厚度——有效厚度 d_{cr}。在有效厚度范围内计算的应力与应变对应关系与原结构保持一致。

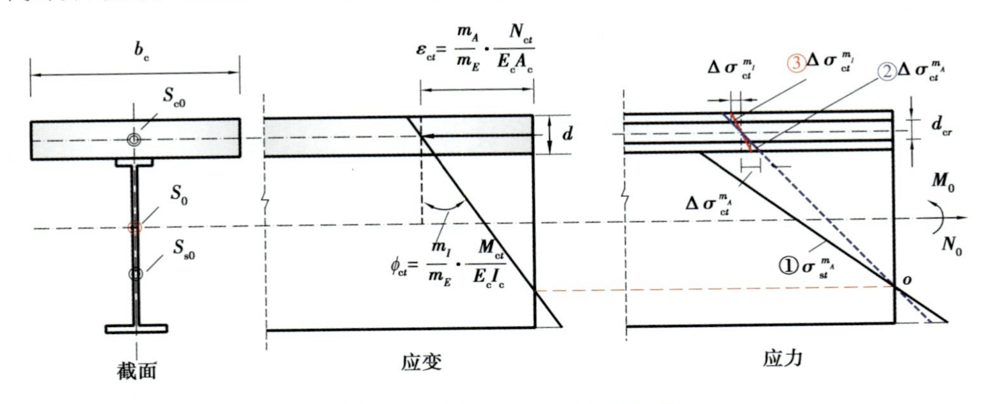

图 2.22　混凝土有效厚度换算图

从图 2.22 得：

$$\Delta\sigma_{ct}^{m_A} = \frac{M_t \cdot \frac{I_c/m_A}{I_{t0}}}{I_c} \cdot \frac{d}{2} = \frac{M_t}{m_A \cdot I_{t0}} \cdot \frac{d}{2} \tag{2.63}$$

$$\Delta\sigma_{ct}^{m_I} = \frac{M_t \cdot \frac{I_c/m_I}{I_{t0}}}{I_c} \cdot \frac{d}{2} = \frac{M_t}{m_I \cdot I_{t0}} \cdot \frac{d}{2} \tag{2.64}$$

则

$$\frac{\Delta\sigma_{ct}^{m_A}}{\Delta\sigma_{ct}^{m_I}} = \frac{m_I}{m_A} = \frac{d}{d_{cr}}$$

$$d_{cr} = d \cdot \frac{m_A}{m_I} \tag{2.65}$$

通过以上的推导，调整系数就能按相应的公式计算，据表 2.10 即可采用直接法计算任一时刻组合梁任一截面的应力和应变。

2.3.5　直接法算例分析

【例 2.3】　采用例 2.2 的截面为算例，截面承受正弯矩 M_0，轴力为 0，参数如图 2.23 所示。分别用直接法和内力分配法计算混凝土板和钢梁各自上下边缘的应力。

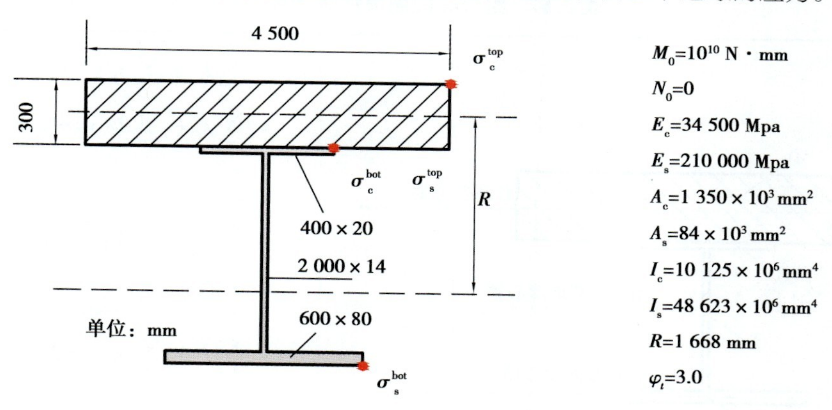

图 2.23　组合梁截面参数（例 2.3）

1）采用直接法

直接法计算组合梁截面应力的关键是求出 m_E、m_A、m_I 和 I_{t0} 等参数。根据表 2.11，选取微分本构的调整系数公式计算各参数，结果见表 2.13。

表 2.13 基本计算参数(例 2.3)

S_{t0} /($\times10^6$mm^3)	α_N	α_M	φ_t	$d_{cr}=d\dfrac{m_{A\varphi}}{m_{I\varphi}}$	$k=\dfrac{S_{t0}}{I_s}\cdot R\cdot\dfrac{1-e^{-\alpha_N\cdot\varphi_t}}{\varphi_t}$	$m_E=\dfrac{E_s}{E_c}$
101.62	0.061 2	0.966 9	3.0	283	-2.117	6.09
$\psi_A^M=\dfrac{e^{\alpha_N\cdot\varphi_t}-1}{\alpha_N\cdot\varphi_t}$			$\psi_I^M=\dfrac{(1-e^{\alpha_N\cdot\varphi_t})\cdot(1-k)+k\cdot\varphi_t}{\varphi_t[1-(1-e^{-\varphi_t})\cdot(1-k)]}$		$m_{A\varphi}=m_E(1+\psi_A^M\cdot\varphi_t)$	$m_{I\varphi}=m_E(1+\psi_I^M\cdot\varphi_t)$
1.098			1.186		26.137	27.740

在计算组合梁截面惯性矩 I_{t0}时,通常要知道各部分截面形心轴到组合截面形心轴的距离,然后按移轴公式计算各部分截面对组合截面形心轴的惯性矩。实际是选了组合截面形心轴作为参考值,但在组合截面形心轴未知的情况下,换算到任一参考轴(本书选取混凝土形心轴)将更简便,见图 2.24 和式(2.66)。下面均采用该方法进行组合梁截面惯性矩计算。

表 2.14 组合梁截面惯性矩计算

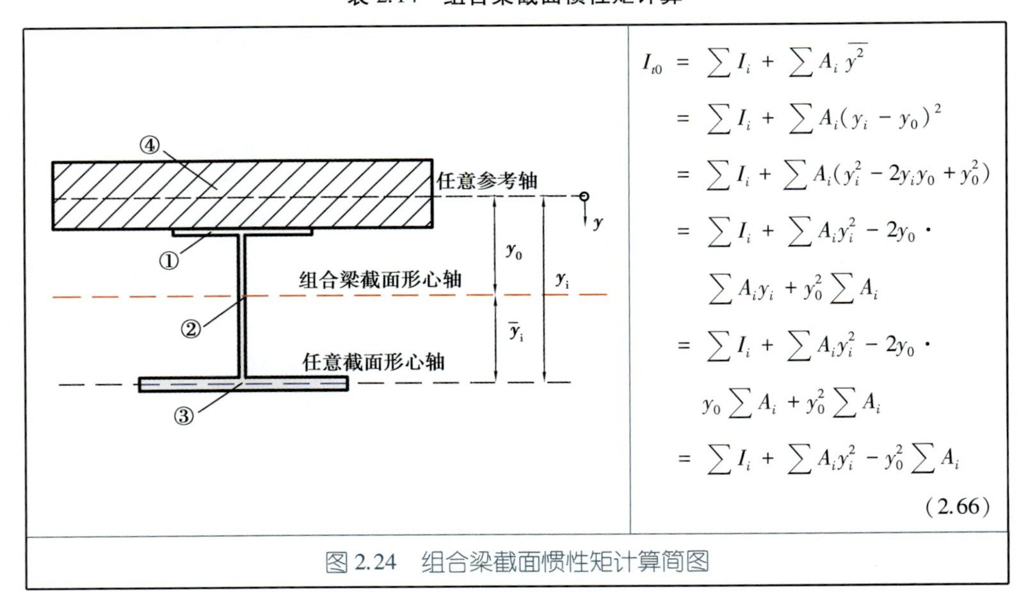

$$
\begin{aligned}
I_{t0} &= \sum I_i + \sum A_i\,\overline{y^2} \\
&= \sum I_i + \sum A_i(y_i - y_0)^2 \\
&= \sum I_i + \sum A_i(y_i^2 - 2y_iy_0 + y_0^2) \\
&= \sum I_i + \sum A_iy_i^2 - 2y_0\cdot \sum A_iy_i + y_0^2\sum A_i \\
&= \sum I_i + \sum A_iy_i^2 - 2y_0\cdot y_0\sum A_i + y_0^2\sum A_i \\
&= \sum I_i + \sum A_iy_i^2 - y_0^2\sum A_i
\end{aligned}
\tag{2.66}
$$

图 2.24 组合梁截面惯性矩计算简图

续表

截面 (mm×mm)	面积 A_i	各截面形心轴到参考轴的距离 y_i	$A_i \cdot y_i$	$A_i \cdot y_i^2$	I_i
	$\times 10^2 mm^2$	mm	$\times 10^6 mm^3$	$\times 10^8 mm^4$	$\times 10^5 mm^4$
钢梁①400×20	80	160	1.28	2.048	2.666 7
钢梁②2 000×14	280	1 170	32.76	383.292	93 333.333 3
钢梁③600×80	480	2 210	106.08	2 344.368	256
$\sum$	840	—	140.12	2 729.708	93 592
钢梁总	$y_0 = R = \dfrac{\sum A_i y_i}{\sum A_i} = \dfrac{1\ 401\ 200}{840} = 1\ 668\ \text{mm}$, $I_s = \sum I_i + \sum A_i y_i^2 - y_0^2 \sum A_i = 4.86 \times 10^{10} \text{mm}^4$				
混凝土 ④4 500×300	13 500	0	0	0	101 250
$t=0$ $m_E=6.09$	13 500/6.09 =2 216.75	0	0	0	101 250/6.09 =16 625.62
$\sum$ 钢梁 + 混凝土	840+2 216.75 =3 056.75	—	140.12	2 729.708	93 692+16 625.62 =110 317.62
组合梁 $t=0$	$y_0 = \dfrac{\sum A_i y_i}{\sum A_i} = \dfrac{1\ 401\ 200}{3\ 056.75} = 458.40\ \text{mm}$, $I_{t0} = \sum I_i + \sum A_i y_i^2 - y_0^2 \sum A_i = 2.198 \times 10^{11} \text{mm}^4$				
$t=t$ $m_{A\varphi}=26.137$	13 500/26.137 =516.51	0	0	0	101 250/26.137 =3 873.82
$\sum$ 钢梁 + 混凝土	840+516.51 =1 356.51	—	140.12	2 729.708	93 692+3 873.82 =97 565.82
组合梁 $t=t$	$y_0 = \dfrac{\sum A_i y_i}{\sum A_i} = \dfrac{1\ 401\ 200}{1\ 356.51} = 1\ 032.95\ \text{mm}$, $I_{tt} = \sum I_i + \sum A_i y_i^2 - y_0^2 \sum A_i = 1.379 \times 10^{11} \text{mm}^4$				

当 $t=0$，组合梁中混凝土板和钢梁各自上下边缘的应力为：

$$\sigma_c^{top}=\frac{M}{I_{t0}}\cdot\frac{y_c^{top}}{m_E}=\frac{10^{10}}{2.198\times10^{11}}\times\frac{-\frac{300}{2}-458.4}{6.09}=-4.545\ (\mathrm{N/mm^2})$$

$$\sigma_c^{bot}=\frac{M}{I_{t0}}\cdot\frac{y_c^{top}}{m_E}=\frac{10^{10}}{2.198\times10^{11}}\times\frac{\frac{300}{2}-458.4}{6.09}=-2.304\ (\mathrm{N/mm^2})$$

$$\sigma_s^{top}=\frac{M}{I_{t0}}\cdot y_s^{top}=\frac{10^{10}}{2.198\times10^{11}}\times\left(\frac{300}{2}-458.4\right)=-14.030\ (\mathrm{N/mm^2})$$

$$\sigma_s^{bot}=\frac{M}{I_{t0}}\cdot y_s^{bot}=\frac{10^{10}}{2.198\times10^{11}}\times\left(2\,400-\frac{300}{2}-458.4\right)=81.510\ (\mathrm{N/mm^2})$$

当 $t=t,\varphi_t=3.0$，组合梁中混凝土板和钢梁各自上下边缘的应力为：

$$\sigma_c^{top}=\frac{M}{I_{tt}}\cdot\frac{y_c^{top}}{m_{A\varphi}}=\frac{10^{10}}{1.379\times10^{11}}\times\frac{-\frac{283}{2}-1\,032.95}{26.137}=-3.250\ (\mathrm{N/mm^2})$$

$$\sigma_c^{bot}=\frac{M}{I_{tt}}\cdot\frac{y_c^{top}}{m_{A\varphi}}=\frac{10^{10}}{1.379\times10^{11}}\times\frac{\frac{283}{2}-1\,032.95}{26.137}=-2.500\ (\mathrm{N/mm^2})$$

$$\sigma_s^{top}=\frac{M}{I_{tt}}\cdot y_s^{top}=\frac{10^{10}}{1.379\times10^{11}}\times\left(\frac{300}{2}-1\,032.95\right)=-64.000\ (\mathrm{N/mm^2})$$

$$\sigma_s^{bot}=\frac{M}{I_{tt}}\cdot y_s^{bot}=\frac{10^{10}}{1.379\times10^{11}}\times\left(2\,400-\frac{300}{2}-1\,032.95\right)=88.256\ (\mathrm{N/mm^2})$$

式中考虑徐变时混凝土的厚度用有效厚度 $d_{cr}=d\frac{m_{A\varphi}}{m_{I\varphi}}=283\ \mathrm{mm}$。

2）采用内力分配法

选取内力分配法的微分方程解进行对比。根据表2.4的计算方法，利用Matlab编程计算，得到混凝土和钢梁各自截面的内力，见表2.15。

表 2.15　内力分配法计算截面内力

计算方法	混凝土板内力						钢梁内力					
	初始轴力	重分布轴力	最终轴力	初始弯矩	重分布弯矩	最终弯矩	初始轴力	重分布轴力	最终轴力	初始弯矩	重分布弯矩	最终弯矩
	N_{c0}	N_{cr}	N_{ct}	M_{c0}	M_{cr}	M_{ct}	N_{s0}	N_{sr}	N_{st}	M_{s0}	M_{sr}	M_{st}
	$\times10^2$ kN			$\times10^3$ kN·mm			$\times10^2$ kN			$\times10^3$ kN·mm		
内力分配法 精确解	−46.24	7.52	−38.72	75.68	−58.30	17.38	46.24	−7.52	38.72	2 211.4	1 312.4	3 523.8
内力分配法 近似解	−46.24	7.76	−38.48	75.68	−58.11	17.57	46.24	−7.76	38.48	2 211.4	1 352.0	3 563.4

表 2.16　内力分配法与直接法对比(截面应力)

计算方法	混凝土板应力($t=0$)(N/mm²)		钢梁应力($t=0$)(N/mm²)	
	$\sigma_c^{top}=\frac{N_{c0}}{A_c}-\frac{M_{c0}}{I_c}\times150$	$\sigma_c^{bot}=\frac{N_{c0}}{A_c}+\frac{M_{c0}}{I_c}\times150$	$\sigma_s^{top}=\frac{N_{s0}}{A_s}-\frac{M_{s0}}{I_s}\times1\ 518$	$\sigma_s^{bot}=\frac{N_{s0}}{A_s}+\frac{M_{s0}}{I_s}\times582$
内力分配法	−4.546	−2.304	−14.00	81.51
直接法	−4.545	−2.304	−14.03	81.51
计算方法	混凝土板应力($\varphi_t=3.0$)(N/mm²)		钢梁应力($\varphi_t=3.0$)(N/mm²)	
	$\sigma_c^{top}=\frac{N_{ct}}{A_c}-\frac{M_{ct}}{I_c}\times150$	$\sigma_c^{bot}=\frac{N_{ct}}{A_c}+\frac{M_{ct}}{I_c}\times150$	$\sigma_s^{top}=\frac{N_{st}}{A_s}-\frac{M_{st}}{I_s}\times1\ 518$	$\sigma_s^{bot}=\frac{N_{st}}{A_s}+\frac{M_{st}}{I_s}\times582$
内力分配法 精确解	−3.126	−2.610	−63.910	88.274
内力分配法 近似解	−3.111	−2.593	−65.430	88.000
直接法	−3.250	−2.500	−64.000	88.256

由表 2.16 可以看出，当 $t=0$ 时，采用直接法和内力分配法计算组合梁截面应力的结果完全相同；当 $\varphi_t=3.0$，考虑徐变影响，采用直接法和内力分配法的计算结果吻合性较好。

直接法的推导过程建立在清晰的力学基础上，获得的结果能有效反映组合梁的力学特征。该方法简单实用，是一种计算组合梁徐变和收缩效应行之有效而又方便的计算方法。

3）徐变应力零点

在图 2.25 中发现了一特殊现象，即钢梁的应力分布有一交汇点，在这一交汇点处的纤维应力不再随徐变系数的变化而改变。也就是说，在该点徐变前后的应力相等，即徐变没有引起该点的应力增加或减小，因此可将该点称为徐变应力零点。无论徐变多大，该点处徐变引起的应力为零，根据这一特点便可利用徐变前和徐变后或徐变后任意两时刻的应力相等来求出该交点位置，求解后得到的该点至钢梁形心的距离为：

$$f_0=\frac{I_s}{A_s\cdot R} \tag{2.67}$$

式中　f_0——钢梁形心轴到徐变应力零点的距离，如图 2.25 所示。

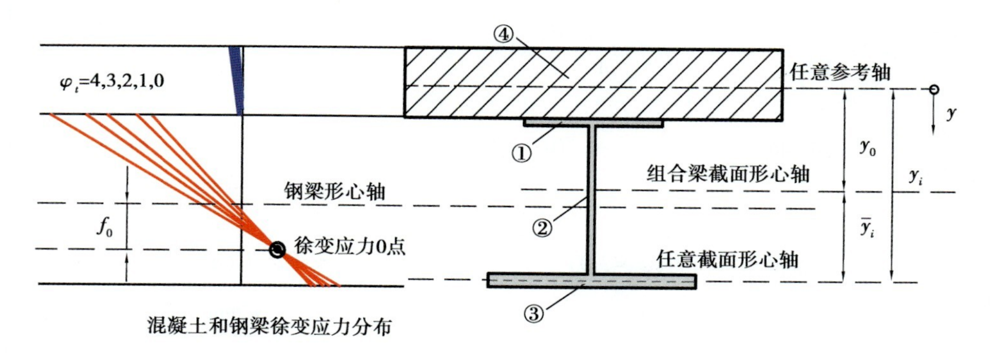

图 2.25　组合梁截面应力（徐变系数变化）

利用这一特点便可通过计算该点徐变前的应力大小来检验徐变后该点应力的大小，若两者相等，计算结果正确，否则不正确。这对于检验理论计算结果和有限元软件计算结果的正确性将是十分有效和方便的。

如本例中，徐变应力零点位于钢梁形心轴 $f_0=\frac{I_s}{A_s\cdot R}=347$ mm 的位置。

徐变前 $t=0$：

$$\sigma_{cr0} = \frac{N_{s0}}{A_s} + M_{s0} \times \frac{f_0}{I_s} = 46.24 \times \frac{100}{84} + \frac{2\ 211.4}{48\ 623} \times 347 = 71\ (\text{N/mm}^2)$$

徐变后 $\varphi_t = 3.0$：

$$\sigma_{cr0} = \frac{N_{st}}{A_s} + M_{st} \times \frac{f_0}{I_s} = 38.722 \times \frac{100}{84} + \frac{3\ 523.8}{48\ 623} \times 347 = 71\ (\text{N/mm}^2)$$

计算结果吻合,进一步验证了结果的准确性。因计算中的每一个数字都涉及小数点的精确度问题,所以计算到最后的数值会在小数点上有差异,这里的吻合性只精确到个位。

2.4　本章小结

本章采用两种方法(内力分配法和直接法)从解析方面系统地推导了组合梁重分布内力的计算公式,获得了内力分配法的精确解和实用近似解。提出的直接法实用简便,并获得了与内力分配法吻合性好的计算结果。

2.4.1　主要完成内容

1)内力分配法(传统方法)

本章推导了静定组合梁截面内部约束引起的应力重分布解析公式,分别采用迪辛格尔(Dischinger H)微分方程和特劳斯德(Trost H)-巴增(Bazant Z P)代数方程建立混凝土徐变本构关系,获得了组合梁重分布内力的微分方程精确解和代数方程精确解;通过忽略混凝土重分配弯矩对混凝土轴向应变的影响,获得了适用条件为 $j = \frac{A_{c0} I_{c0}}{A_s I_s} \leqslant 0.2$ 的微分方程近似解和代数方程近似解。采用这4种解对某简支组合梁内力进行了算例分析。

2)直接法(新方法)

本章推导了组合梁材料换算系数、徐变调整系数和收缩调整系数,获得了组合梁随时间变化的应力计算公式。该方法既不用求微分方程也不求代数方程,直接按照材料力学中单一材料的力学公式来计算截面应力,只是配以相应的系数,这些系数涵盖了随时间变化的徐变和收缩时效关系、混凝土与钢梁的特性相关关系。

2.4.2 结论和规律

①内力分配法和直接法力学概念清晰，并经过严格推导和验证，是计算组合梁徐变和收缩效应的行之有效而又方便的计算方法。它们适用性非常广，适用于简支组合梁、框架组合梁、连续组合梁、预应力组合梁等，根据不同的约束形式和荷载类型给定组合梁截面形心处的内力值就能根据内力分配法算出混凝土板和钢梁各自截面的初始内(应)力、重分布内(应)力和最终内(应)力，根据直接法算出随时间变化的截面应力和应变。

②采用内力分配法计算简支组合梁的重分布内力，满足适用条件 $j=\frac{A_{c0}I_{c0}}{A_sI_s}\leqslant 0.2$ 时，近似解的结果与精确解的结果吻合性较好，可以用近似解公式作为工程应用中的实用计算公式。

③内力分配法中采用不同本构关系计算的结果稍有差别，总的来说，代数本构计算的重分布内力值低于微分本构的计算值，差别的原因在于代数方程本构中采用的老化系数 ρ_N 和 ρ_M 是基于特劳斯德-巴增理论计算的，该老化系数的算法与按迪辛格尔微分方程反算的老化系数算法不同。尽管两种本构计算的结果有差异，但趋势走向吻合较好，均能较好地反映组合梁的实际受力特征。

④经计算和验证，采用直接法计算本书例子中组合梁截面纤维应力的结果与采用内力分配法计算的结果吻合性很好。该方法简单实用，是一种计算组合梁徐变和收缩效应行之有效而又方便的计算方法。

⑤计算中发现了一特殊现象，即钢梁的应力分布有一汇交点，在该点处的纤维应力不随徐变系数变化而改变，即徐变未引起该点的应力增减。本书将该点称为徐变应力零点，无论徐变多大，该点处徐变引起的应力为零，根据这一特点求解徐变应力零点的具体位置，即该点至钢梁形心的距离为 $f_0=\frac{I_s}{A_s\cdot R}$，利用这一特点可通过计算该点徐变前后的应力大小是否相等来判断计算结果的准确性，这对于检验有限元软件计算结果的正确性十分有效和方便。

第3章　数值模拟——验证解析计算结果和关键影响因素分析

对于实际工程的物理和力学问题，已经能够获得相应的微分方程和边界条件，但只有少数问题可以用解析方法求出其精确解。组合梁结构的徐变和收缩效应问题复杂，很难都获得精确解析解，如果能正确运用有限元软件，获得有效的数值近似解并通过变换参数得到全面的受力全过程，将给我们的复杂问题提供有效的工具和得力的助手[100-103]。

3.1　混凝土徐变（收缩）本构关系在软件中的实现

采用通用有限元软件分析混凝土问题已有大量成熟的研究成果[75, 77, 100-102, 104-111]。在不考虑徐变和收缩效应时，通常假定混凝土弹性模量 E_c 为常数，即保持瞬时加载时的应力-应变线性关系。而考虑长期变形时，混凝土初始弹性模量为 E_c，随着加载时间增加，徐变变形也随之增加，而弹性变形因总变形不变则逐渐减少，弹性变形转化为徐变变形，按照弹性关系 $\varepsilon=\sigma/E_c$，由于弹件变形降低引起应力相应地减少，即1.1节提到的应力松弛。应力和应变的变化与徐变系数 φ 相关，混凝土的本构关系不能由 E_c 单独确定，还与徐变的特性有关。只有将理论中的本构关系与软件中设置的模型参数对应起来，才能获得准确的解。因此，对混凝土长期变形性能进行数值模拟，结果的正确与否取决于使用的有限元软件是否能实现准确描述混凝土的徐变（收缩）本构关系。

本章采用ANSYS软件的高级编程语言APDL进行流程控制，利用Creep准则来实现模拟混凝土的徐变（收缩）本构关系。该功能并没有专门针对混凝土徐变提供模型，而是模拟金属蠕变，需要按照金属蠕变的理论来考虑。文献[112]指出，从微观上看，金属蠕变和混凝土徐变的机理虽有区别，但它们的应力-应变本构关系在一定程度上是相同的，按照蠕变的计算方法来计算混凝土徐变是合理的；同时该软件能够计算复合材料截面，只需要在求解时分别对混凝土和钢梁两种材料单独计算，就能求出各自的变形和内力，并与解析计算结果进行对比分析。

3.1.1 徐变本构方程系数

ANSYS 的徐变模型（Creep Model）里列出了 13 种常见的应力-应变方程[113]，在输入“MP”命令定义混凝土弹性模量后，还需要通过“TB”命令选择相应的方程，并在“Tbdata”中定义方程中的系数。根据列出方程的类型和适应性，本章采用模型里的第 11 号方程作为混凝土徐变（收缩）的本构方程，见式（3.1）。

$$\varepsilon_{cr}+\varepsilon_{sh}=\underbrace{C_1\cdot\sigma^{C_2}\cdot t^{C_3+1}\cdot e^{-C_4/T}/(C_3+1)}_{\text{徐变}}+\underbrace{C_5\cdot\sigma^{C_6}\cdot t\cdot e^{-C_7/T}}_{\text{收缩}} \tag{3.1}$$

式中 σ——t 时刻的混凝土应力；

T——t 时刻的环境温度；

$C_1,C_2,C_3,C_4,C_5,C_6,C_7$——常系数；

式中的第 1 项代表徐变，第 2 项代表收缩。

式（3.1）的第 1 项对时间求导

$$\dot{\varepsilon}_{cr}=C_1\cdot\sigma^{C_2}\cdot t^{C_3}\cdot e^{-C_4/T} \tag{3.2}$$

混凝土的徐变随时间而变化，对于某一确定的时刻 t，混凝土的应力-应变关系遵循线性徐变准则，即徐变应变速率与应力成一次正比关系，取 $C_2=1$；ANSYS 软件提供两种强化准则来考虑应力随时间的变化，即时间强化和应变强化准则。时间强化准则假定徐变应变速率仅依赖于徐变过程的开始时间 t；应变强化准则假定徐变应变速率仅取决于材料中的应变。本章取应变强化准则，即 $C_3=0$。计算时不考虑温度单独对徐变的影响，温度的影响已体现在徐变系数中，所以 $C_4=0$。则式（3.2）变为：

$$\dot{\varepsilon}_{cr}=C_1\cdot\sigma \tag{3.3}$$

把应变与徐变系数的关系 $\dot{\varepsilon}_{cr}=\dfrac{\sigma}{E}\cdot\dfrac{\mathrm{d}\varphi_t}{\mathrm{d}t}$代入式（3.3）：

$$C_1=\frac{\mathrm{d}\varphi_1}{\mathrm{d}t}\cdot\frac{1}{E}=\frac{\varphi_{n-1}-\varphi_n}{t_{n+1}-t_n}\cdot\frac{1}{E} \tag{3.4}$$

可见，系数 C_1 随时间变化，可由相应时刻的徐变系数 φ 计算得到：

$$\left.\begin{aligned} C_{11} &= \frac{\varphi_1}{t-t_0} \cdot \frac{1}{E}, \quad i=1 \\ C_{1i} &= \frac{\varphi_i-\varphi_{i-1}}{t_i-t_{i-1}} \cdot \frac{1}{E}, i \geqslant 2 \end{aligned}\right\} \tag{3.5}$$

在每个时间步长 $\Delta t=(t_i-t_{i-1})$ 内，徐变应变速率被假定为常数，如图 3.1 所示。时间步点越小，就越接近真实值。徐变应变速率较大时，应取较小的时间步长以减小计算误差。一个小于 0.1 的徐变应变率将产生相当精确的结果。如果步长太大，求解将变得不稳定甚至不收敛，稳定的上限值是0.25。因此，在计算过程中应将徐变应变率控制在0.25内。

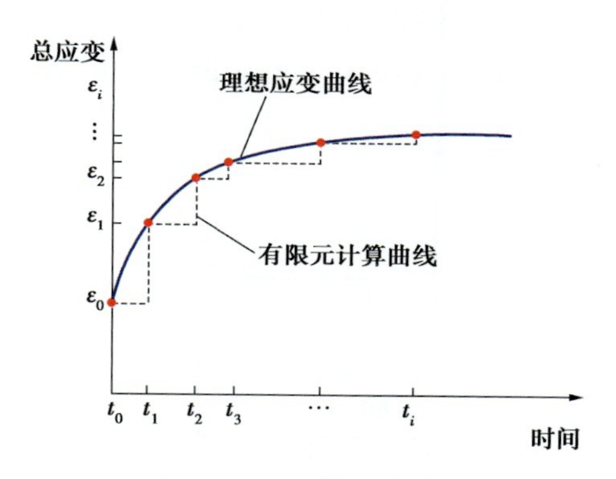

图 3.1　考虑徐变的有限元计算

徐变系数可由规范中的计算公式确定，但 ANSYS 无法自动根据规范计算，需根据规范公式编制子程序调用，也可以在命令中利用循环语句输入公式计算；通过调用编好的与 C_1 相关的子程序，在生成的文件中可以获得列表显示的时间、徐变系数、C_1 等随时间变化的参数。

3.1.2　收缩本构方程系数

同理，根据式(3.1)的第 2 项，可以获得与收缩相关的方程系数：

$$\varepsilon_{\mathrm{sh}} = C_5 \cdot \sigma^{C_6} \cdot t \cdot e^{-C_7/T} \tag{3.6}$$

与徐变方程系数的分析相同，取 $C_7=0$；收缩应变与应力无关，取 $C_6=0$，则式(3.6)变为：

$$\varepsilon_{\mathrm{sh}} = C_5 \cdot t \tag{3.7}$$

在 2.1.1 节的基本假定中，假设收缩发展的速率与徐变发展速率相同，即：

$$\varepsilon_{sh}=\frac{\varepsilon_{sh\infty}}{\varphi_{\infty}}\cdot\varphi_t \tag{3.8}$$

式(3.7)、式(3.8)分别对时间求导：

$$C_5=\frac{\varepsilon_{sh\infty}}{\varphi_{\infty}}\cdot\frac{d\varphi_t}{dt} \tag{3.9}$$

$$\left.\begin{aligned}C_{51}&=\frac{\varphi_1}{t-t_0}\cdot\frac{\varepsilon_{sh\infty}}{\varphi_{\infty}}, \quad i=1\\ C_{5i}&=\frac{\varphi_i-\varphi_{i-1}}{t_i-t_{i-1}}\cdot\frac{\varepsilon_{sh\infty}}{\varphi_{\infty}}, i\geqslant 2\end{aligned}\right\} \tag{3.10}$$

式中的收缩应变终值 $\varepsilon_{sh\infty}$ 和徐变系数终值 φ_{∞} 可根据规范公式计算，时间的步长设定与徐变方程系数相同，同样根据 ANSYS 编制的程序在生成的文件中获得列表显示的时间、收缩应变、C_5 等随时间变化的参数。徐变系数、收缩应变、结构计算的流程图如图 3.2 至图 3.4 所示。

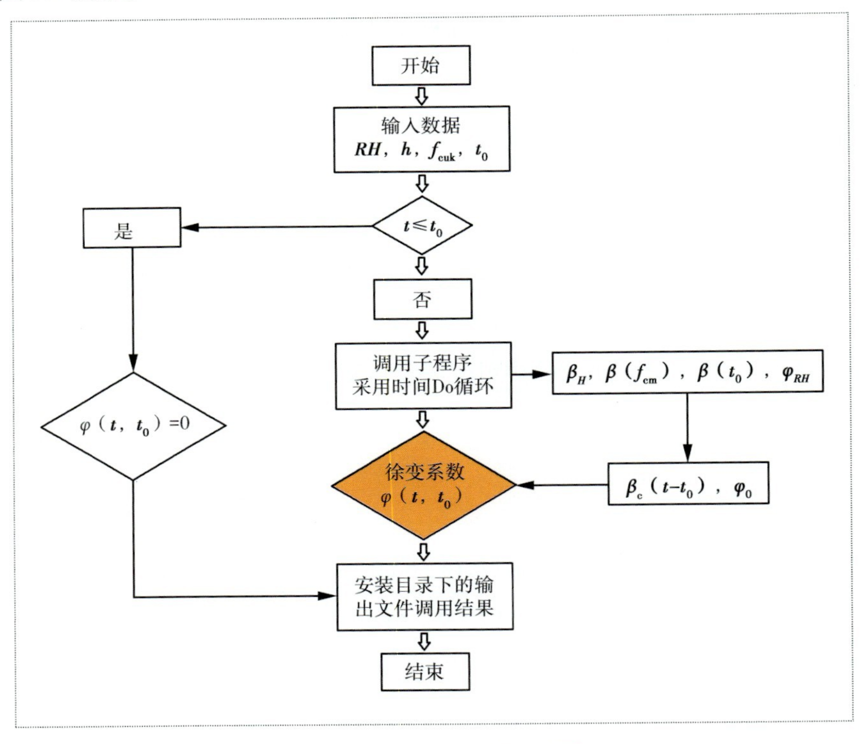

图 3.2　徐变系数计算流程图

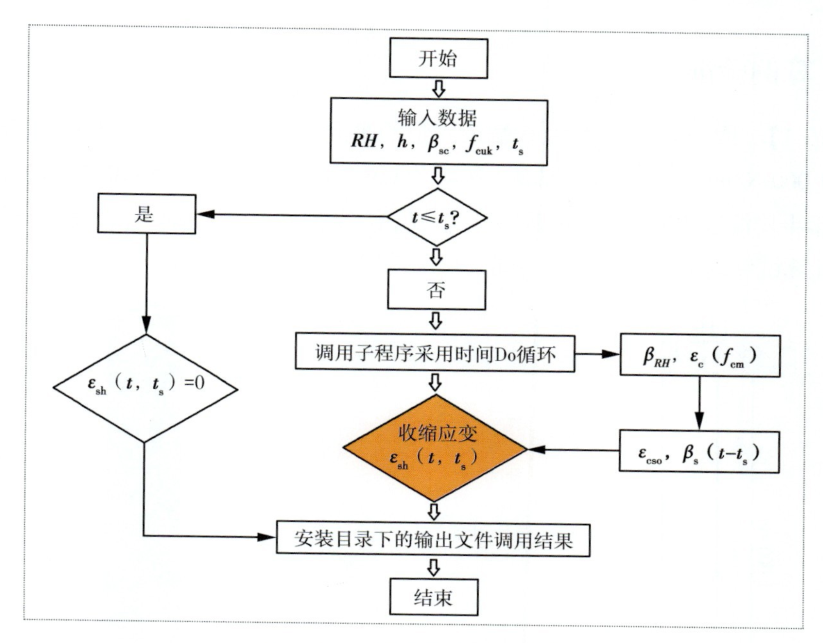

图 3.3　收缩应变计算流程图

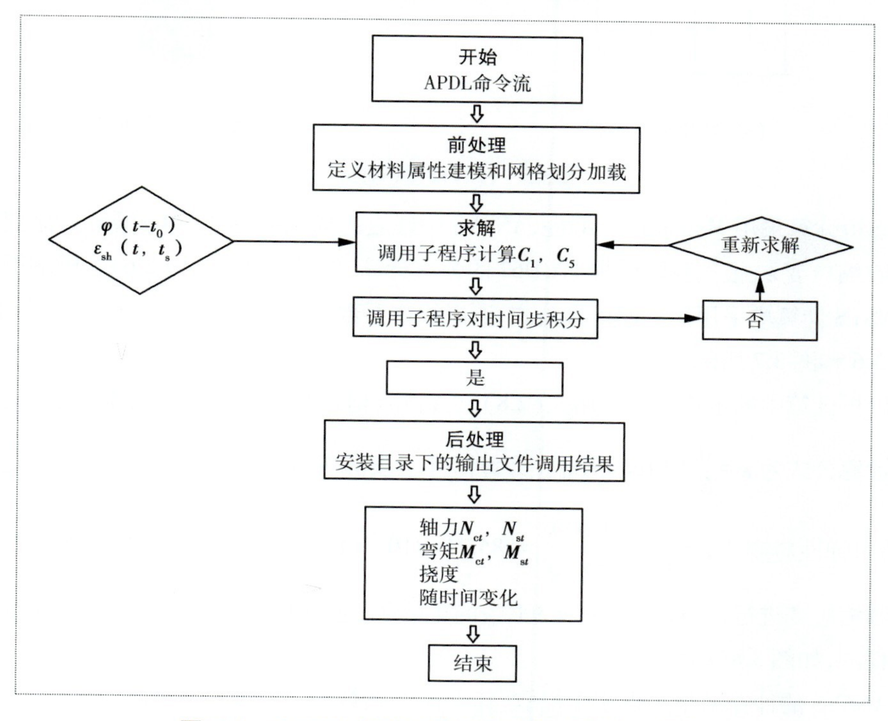

图 3.4　ANSYS 计算结构徐变(收缩)效应的流程图

3.1.3 算例验证

【例 3.1】 取一简单的试件，一端为固定的素混凝土柱，尺寸如图 3.5(a)所示。顶端施加 1 000 N/mm^2 的面荷载，混凝土等级为 C30，弹性模量 $E_c=3.5\times10^4$ N/mm^2，泊松比 $\mu=2.0$，年平均湿度 $RH=75\%$，加载龄期 $t_0=7$ 天，考虑徐变和收缩影响，分别用解析和数值方法计算试件的上表面应变随时间变化的情况，观察天数为 600 天。

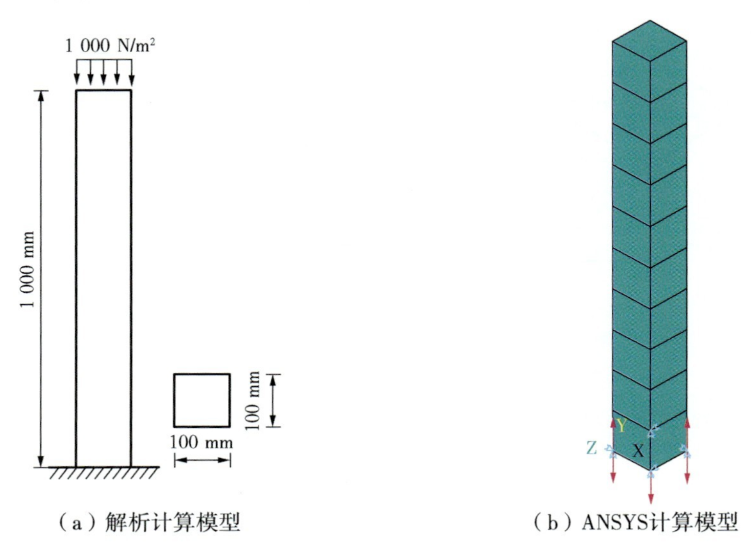

（a）解析计算模型　　（b）ANSYS计算模型

图 3.5　计算模型(例 3.1)

解析计算采用 Matlab 进行编程，ANSYS 中建立的模型如图 3.5(b)所示。徐变系数 φ_t 和收缩应变 ε_{sh} 根据我国桥规 JTGD62 的公式计算，见式(2.4)和式(2.6)。因解析计算和 ANSYS 计算均采用相同的计算公式，所以徐变系数和收缩应变的计算结果完全相同，如图 3.6 和图 3.7 所示。

解析计算中的本构关系采用式(2.8)。该例为自由徐变，由恒定的初始应力引起的应变计算公式为 $\varepsilon=\dfrac{\sigma}{E_c}(1+\varphi_1)+\varepsilon_{sh}$。计算试件上表面应变：当 $t_0=0$ 时，不考虑徐变和收缩，瞬时弹性应变为 $\varepsilon=\dfrac{\sigma}{E_c}=\dfrac{1\ 000}{3.5\times10^4}=285.714\times10^4$。其他时刻的应变根据不同的徐变系数和收缩应变进行计算，结果在表 3.1 中的第⑤列；通过 Origin 图像处理软件获得应变的时程图，如图 3.8(a)所示。

ANSYS 的计算结果由程序中提取，其中徐变系数、收缩应变、C_1 和 C_5 通过子程序生成的文件中获得；通过时间历程后处理器(Timehist Postpro)的“List”列出应变值，结果在

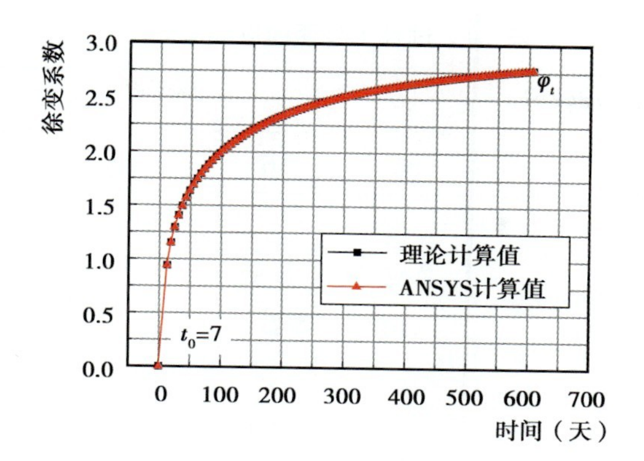

图 3.6　徐变系数计算值对比

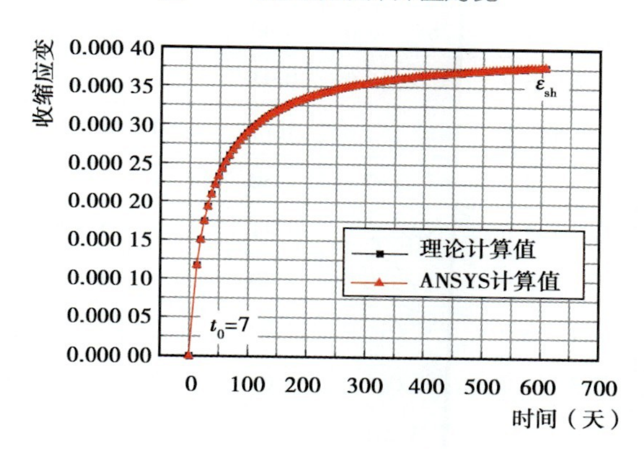

图 3.7　收缩应变计算值对比

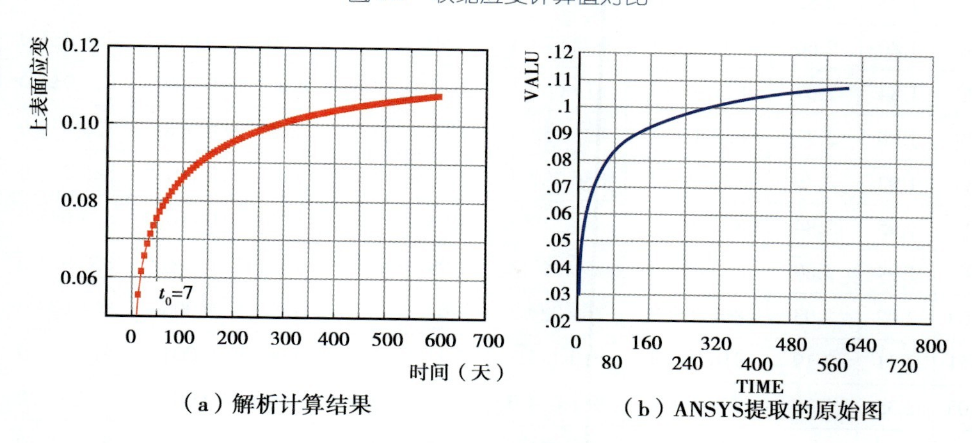

图 3.8　上表面应变计算结果对比

表 3.1 中的第⑩列；通过绘图功能获得应变的时程图，如图 3.8（b）所示。载荷步为 10，每 6 天提取一次数据，总天数 600 天，从 $t_0=7$ 开始，第一个时间节点为 13。

表 3.1　试件上表面的应变值对比

解析计算					ANSYS 计算				
①	②	③	④	⑤	⑥	⑦	⑧	⑨	⑩
时间(天)	徐变系数 φ_t	收缩应变 ε_{sh} $(\times10^{-4})$	瞬时弹变+徐变应变 $(\times10^{-4})$	总应变 $(\times10^{-4})$	徐变系数 φ_t	收缩应变 ε_{sh} $(\times10^{-4})$	C_1	C_5	总应变 $(\times10^{-4})$
t	见式(2.4)	见式(2.6)	$=\frac{\sigma}{E_c}(1+\varphi_t)$	=③+④	见式(2.4)	见式(2.6)	见式(3.5)	见式(3.10)	ANSYS 程序提取
0	0.00	0.00	285.714 0	285.714 0	0.00	0.00	0.000 0	0.000 0	285.714 0
13	0.94	1.17	554.856 9	556.026 9	0.94	1.17	0.020 7	0.092 2	554.751 0
19	1.15	1.50	615.142 6	616.642 6	1.15	1.50	0.010 1	0.044 9	615.215 0
25	1.30	1.74	655.999 7	657.739 7	1.30	1.74	0.006 8	0.030 2	655.933 0
31	1.41	1.93	687.142 6	689.072 6	1.41	1.93	0.005 2	0.023 3	687.275 0
37	1.50	2.09	712.856 9	714.946 9	1.50	2.09	0.004 3	0.019 1	712.955 0
43	1.57	2.22	734.856 9	737.076 9	1.57	2.22	0.003 6	0.016 2	734.780 0
49	1.64	2.33	753.714 0	756.044 0	1.64	2.33	0.003 2	0.014 1	753.784 0
55	1.70	2.43	770.571 1	773.001 1	1.70	2.43	0.002 8	0.012 5	770.620 0
61	1.75	2.52	785.714 0	788.234 0	1.75	2.52	0.002 5	0.011 2	785.731 0
67	1.80	2.60	799.428 3	802.028 3	1.80	2.60	0.002 3	0.010 2	799.431 0
73	1.84	2.67	811.999 7	814.669 7	1.84	2.67	0.002 1	0.009 3	811.954 0
79	1.88	2.73	823.428 3	826.158 3	1.88	2.73	0.001 9	0.008 6	823.478 0
85	1.92	2.79	833.999 7	836.789 7	1.92	2.79	0.001 8	0.007 9	833.701 0
91	1.95	2.84	843.999 7	846.839 7	1.95	2.84	0.001 7	0.007 4	843.641 0
97	1.99	2.89	853.428 3	856.318 3	1.99	2.89	0.001 5	0.006 9	852.934 0
103	2.02	2.93	861.999 7	864.929 7	2.02	2.93	0.001 5	0.006 4	861.639 0
151	2.21	3.19	916.285 4	919.475 4	2.21	3.19	0.000 9	0.004 2	916.068 0
205	2.35	3.36	957.714 0	961.074 0	2.35	3.36	0.000 7	0.002 9	957.505 0
253	2.45	3.47	984.571 1	988.041 1	2.45	3.47	0.000 5	0.002 2	984.466 0
301	2.52	3.54	1 005.714 0	1 009.254 0	2.52	3.54	0.000 4	0.001 8	1 005.550 0
403	2.63	3.65	1 038.285 4	1 041.935 4	2.63	3.65	0.000 3	0.001 2	1 038.210 0

续表

解析计算					ANSYS 计算				
①	②	③	④	⑤	⑥	⑦	⑧	⑨	⑩
时间(天)	徐变系数 φ_t	收缩应变 ε_{sh} $(\times 10^{-4})$	瞬时弹变+徐变应变 $(\times 10^{-4})$	总应变 $(\times 10^{-4})$	徐变系数 φ_t	收缩应变 ε_{sh} $(\times 10^{-4})$	C_1	C_5	总应变 $(\times 10^{-4})$
t	见式(2.4)	见式(2.6)	$=\dfrac{\sigma}{E_c}(1+\varphi_t)$	= ③+④	见式(2.4)	见式(2.6)	见式(3.5)	见式(3.10)	ANSYS 程序提取
505	2.71	3.72	1 060.856 9	1 064.576 9	2.71	3.72	0.000 2	0.000 8	1 060.850 0
600	2.77	3.77	1 077.714 0	1 081.484 0	2.77	3.77	0.000 1	0.000 6	1 077.540 0

通过对比表 3.1 和图 3.8 中的两种计算结果，吻合性非常好。将图 3.8 中的(a)和(b)图绘制在同一个坐标轴中，两条曲线基本是重合的，如图 3.9 所示。

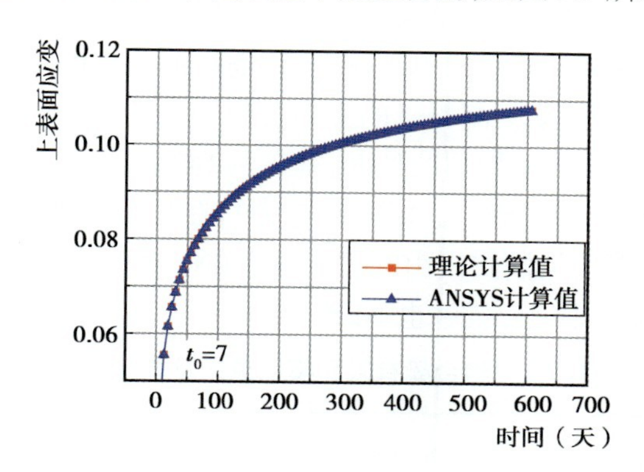

图 3.9　上表面应变曲线对比

由此可见，采用 ANSYS 软件在模拟混凝土徐变和收缩的本构关系方面获得了很好的效果，实现了准确描述混凝土长期变形效应的最基本功能。这一功能是准确模拟组合梁长期效应的第一步，也是最重要的因素。在素混凝土上得到较好的模拟效果，才能把相应的方法应用到组合梁中。

3.2 考虑徐变和收缩影响的组合梁数值模拟分析

在混凝土徐变问题已解决的基础上，进一步解决组合梁的徐变问题。

例 2.3 已采用内力分配法和直接法进行了解析计算，为了验证程序的准确性，同时对比解析计算结果，同样采用该截面进行数值模拟分析。为了便于计算，取截面初始轴力 $N_0=0$，只受弯矩 M_0，只考虑徐变，不考虑收缩的情况。实际中，存在 N_0 和收缩时可以进行叠加，截面参数如图 2.23 所示。计算徐变系数的参数为：混凝土等级为 C30，年平均湿度 $RH=30\%$，加载龄期 $t_0=7$ d。解析计算的研究对象是构件的截面，形心处的弯矩为 $M_0=10^{10}$ N·mm；有限元模型是三维结构，为了能受相同弯矩，取跨度 $L=20$ m 的简支梁，受均布荷载 $q=200$ N/mm，研究对象为跨中截面，该截面的弯矩为 $M_0=\frac{1}{8}\times 200\times 20\ 000^2=10^{10}$ N·mm。

3.2.1 模型单元

模型单元选取见表 3.2。其中，钢筋和混凝土之间的模拟采用分离式模型，即将混凝土和钢筋单元各自划分成足够小的单元，按照钢筋和混凝土的不同力学性能选择不同的单元形式和材料参数；钢梁与混凝土的分布各自较集中，两种材料间有明显的分界，直接建立与实际结构形状完全相同的截面，并分别给钢材和混凝土赋予相应的材料属性；基本假定中忽略栓钉的竖向抗拉作用（掀起力），在有限元建模的过程中直接将混凝土板和钢梁的共用节点的纵横向自由度进行耦合（Nummrg）。该例在解析计算时未单独考虑钢筋，对应地在有限元建模中也不设钢筋单元。

表 3.2 组合梁有限元模拟单元及单元特性

单元名称	简　称	模拟类型	单元特性	组合梁单元应用示意
Solid65	3D 实体单元	混凝土板	弹性、塑性、蠕变、大变形、大应变等	link8钢筋 solid65混凝土 link8钢筋 shell43加劲肋 plane42腹板 Y X Z solid45钢梁翼缘
Solid45	3D 实体单元	钢梁翼缘	弹性、塑性、蠕变、膨胀、大挠度等	
Plane42	四边形单元	钢梁腹板	弹性、塑性、蠕变、膨胀、大挠度等	
Link8	3D 杆单元	钢筋	弹性、塑性、蠕变、膨胀、大挠度、应力钢化、单元生死等	
Shell43	3D 塑性大应变壳单元	加劲肋	弹性、塑性、蠕变、大变形等	

3.2.2　模型材料

组合梁涉及两种类型的材料，混凝土材料单轴应力-应变关系采用 GB 50010—2010[49]规定的公式，与徐变和收缩相关的特征属性问题见 3.1 节；型钢和钢筋的本构关系采用有强化段的弹塑性模型。根据例 2.3 的截面参数，取 $E_c = 34\ 500$ MPa，$E_s = 210\ 000$ MPa。

3.2.3　收敛控制

组合梁由两种材料组成，混凝土作为一种内部结构复杂的多相材料，与钢材的属性差异很大，这就使得组合梁的有限元计算变得比较复杂，正常收敛也比较困难。ANSYS 分析中，在结构接近失效状态时，正常收敛会变得越来越困难，这种不收敛情况是比较正常的，可以通过处理荷载步的方法进行结果分析。但有时也会有在较小的荷载作用下出现计算无法继续进行的情况，这种不收敛情况则属于非正常的不收敛。

为满足基本假定中的线性徐变理论，施加的荷载在 $0.4f_c$ 左右，混凝土的应力较小，正常情况下是容易收敛的。为了尽量避免组合梁有限元模拟计算中出现非正常的不收敛情况，可以考虑对以下因素进行调整：

①充分利用对称性，建立 1/2 或 1/4 模型，减少单元数。

②控制网格密度。网格划分越小，计算精度越高，但是也会带来应力集中的问题，使得混凝土开裂过早，也给收敛造成了困难。因此，需要在保持精度的同时选择合适的网格密度。

③子步数。子步数的设置非常重要，过大或者过小都难以正常收敛。在混凝土的徐变分析中，子步数还和徐变系数的大小有一定的制约关系。比如在一定的载荷步中，子步设置为 7，得到最后一步的徐变系数是 2，当实际需要计算更大的徐变系数时，需要调整不同的子步或载荷步，获得更大的徐变系数值。在此过程中需要不断调试才能获得较好的结果。

④收敛准则及精度。收敛准则对收敛和计算结果有很大的影响，当为力加载时，可以采用位移收敛准则；当为位移加载时，可以采用力收敛准则。改变收敛精度并不能从根本上解决收敛问题，但适当放宽精度可以加快收敛速度，不过对最终的计算结果会产生影响，甚至得到错误的结果，因此，建议将收敛精度控制在 5%以内。

3.2.4　模型建立

组合梁结构双向对称，为提高计算精度及效率，按 1/4 模型结构进行建模，即在纵向取 1/2 跨，横向取 1/2 截面，模型的轴测图、左视图和右视图如图 3.10 所示。模型共有 992 个节点，600 个单元。计算模型的对称约束和加载见图 3.11 所示。

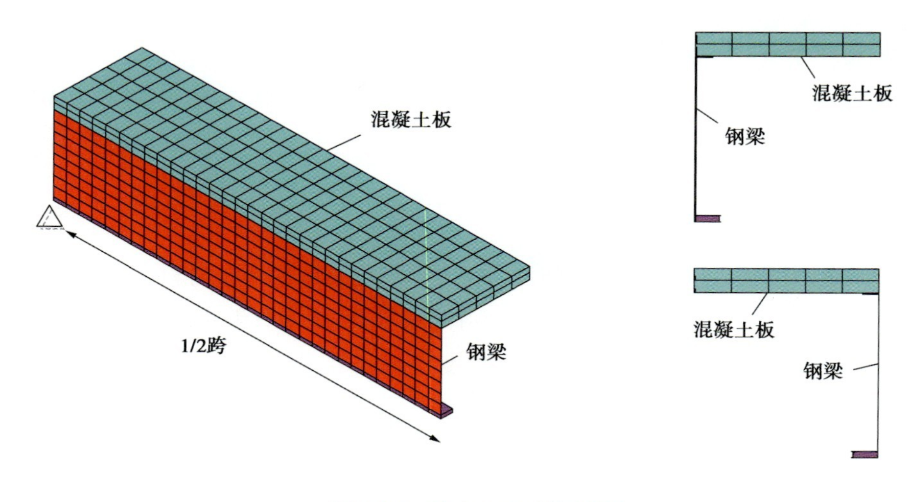

图 3.10　建立 1/4 计算模型

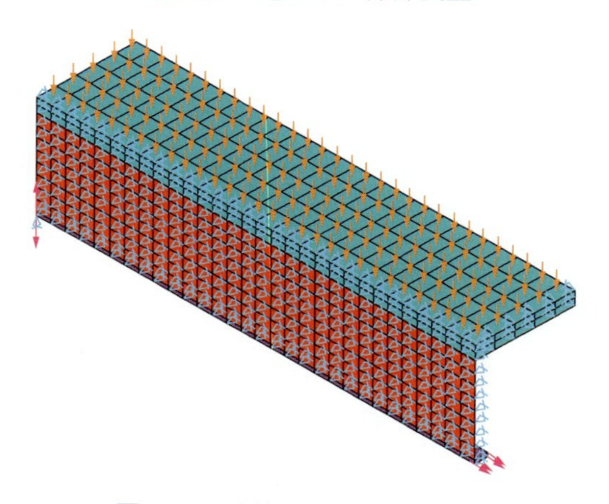

图 3.11　计算模型的约束和加载

3.2.5　结果分析

解析计算与 ANSYS 对比分析的内容为：

①内力对比（内力分配法与 ANSYS 对比）

a.混凝土和钢梁各自截面形心处的轴力随时间变化的规律；

b.混凝土和钢梁各自截面形心处的弯矩随时间变化的规律。

②变形对比(内力分配法、直接法与 ANSYS 对比)

a.组合梁跨中挠度随时间变化的规律;

b.组合梁截面应变随时间变化的规律。

该截面符合适用条件 $j=\dfrac{A_{c0}I_{c0}}{A_sI_s}=0.09\leqslant0.2$,内力分配法分别用 4 种方程求解。截面基本参数见表 2.5,ANSYS 中设置 10 天提取一次数据,$t_0=7$,时间提取节点从第 17 天开始。为了和有限元每个时间节点对应,解析分析也取同样的时间点。

1)内力对比分析

组合梁内力的解析计算根据 2.2 节的推导公式,采用 Matlab 软件进行编写,计算结果见表 3.3 和表 3.4;ANSYS 中的时间历程后处理器(Post26)只能求解单元的内力,要求截面的内力,需对截面单元的内力进行积分,这一部分通过调用子程序来实现。采用 * Do循环命令计算每个时间点的内力,即可获得截面内力(轴力和弯矩)随时间变化的规律。ANSYS 列表显示的每一时间节点的内力值见表 3.3 和表 3.4,内力的原始输出图如图 3.12 至图 3.15 所示。

表 3.3　混凝土和钢梁各自截面形心处的轴力计算值(解析和 ANSYS 对比)

t(天)	徐变系数 φ_t	混凝土截面最终轴力 N_{ct}($\times10^3$ N)					钢梁截面最终轴力 N_{st}($\times10^3$ N)				
		解析计算				ANSYS计算	解析计算				ANSYS计算
		内力分配法 4 种解					内力分配法 4 种解				
		①	②	③	④		①	②	③	④	
0	0	−4 620	−4 620	−4 620	−4 620	−4 600	4 620	4 620	4 620	4 620	4 600
17	1.262	−4 292	−4 273	−4 301	−4 285	−4 280	4 292	4 273	4 301	4 285	4 280
27	1.545	−4 217	−4 197	−4 232	−4 215	−4 200	4 217	4 197	4 232	4 215	4 200
37	1.735	−4 169	−4 147	−4 188	−4 170	−4 140	4 169	4 147	4 188	4 170	4 140
47	1.882	−4 133	−4 112	−4 156	−4 138	−4 100	4 133	4 112	4 156	4 138	4 100
57	2.002	−4 103	−4 081	−4 129	−4 110	−4 080	4 103	4 081	4 129	4 110	4 080
67	2.104	−4 078	−4 056	−4 107	−4 087	−4 040	4 078	4 056	4 107	4 087	4 040
77	2.192	−4 056	−4 033	−4 087	−4 067	−4 020	4 056	4 033	4 087	4 067	4 020
87	2.271	−4 036	−4 013	−4 069	−4 049	−4 000	4 036	4 013	4 069	4 049	4 000
97	2.341	−4 019	−3 996	−4 054	−4 034	−3 980	4 019	3 996	4 054	4 034	3 980
107	2.405	−4 002	−3 979	−4 039	−4 019	−3 960	4 002	3 979	4 039	4 019	3 960
157	2.655	−3 941	−3 917	−3 985	−3 965	−3 900	3 941	3 917	3 985	3 965	3 900

续表

t（天）	徐变系数 φ_t	混凝土截面最终轴力 N_{ct}（×10^3 N）					钢梁截面最终轴力 N_{st}（×10^3 N）				
		解析计算（内力分配法4种解）				ANSYS计算	解析计算（内力分配法4种解）				ANSYS计算
		①	②	③	④		①	②	③	④	
207	2.834	−3 900	−3 876	−3 950	−3 929	−3 860	3 900	3 876	3 950	3 929	3 860
257	2.971	−3 866	−3 843	−3 921	−3 900	−3 820	3 866	3 843	3 921	3 900	3 820
307	3.08	−3 840	−3 817	−3 898	−3 877	−3 780	3 840	3 817	3 898	3 877	3 780
407	3.246	−3 800	−3 777	−3 864	−3 843	−3 740	3 800	3 777	3 864	3 843	3 760

注：表中①为微分精确解；②为微分近似解；③为代数精确解；④为代数近似解。

表 3.4　混凝土和钢梁各自截面形心处的弯矩计算值（解析和 ANSYS 对比）

t（天）	徐变系数 φ_t	混凝土截面最终弯矩 M_{ct}（×10^6 N·mm）					钢梁截面最终弯矩 M_{st}（×10^6 N·mm）				
		解析计算（内力分配法4种解）				ANSYS计算	解析计算（内力分配法4种解）				ANSYS计算
		①	②	③	④		①	②	③	④	
0	0	74.83	74.83	74.83	74.83	9.54	2 211.42	2 211.42	2 211.42	2 211.42	2 220.00
17	1.262	32.45	32.96	38.50	38.92	4.64	2 809.00	2 839.89	2 787.32	2 813.06	2 860.00
27	1.545	28.04	28.52	34.23	34.65	−11.36	2 937.68	2 971.45	2 906.41	2 934.75	3 020.00
37	1.735	25.74	26.17	31.83	32.24	−20.40	3 020.65	3 055.84	2 982.36	3 012.09	3 100.00
47	1.882	24.28	24.68	30.22	30.63	−26.60	3 081.13	3 117.16	3 037.32	3 067.94	3 180.00
57	2.002	23.17	23.55	28.96	29.36	−31.20	3 132.53	3 169.18	3 083.77	3 115.07	3 240.00
67	2.104	22.33	22.68	27.96	28.36	−34.60	3 175.06	3 212.15	3 122.02	3 153.83	3 280.00
77	2.192	21.63	21.97	27.12	27.52	−37.40	3 213.10	3 250.54	3 156.10	3 188.34	3 320.00
87	2.271	21.06	21.38	26.41	26.80	−39.60	3 246.73	3 284.44	3 186.13	3 218.72	3 360.00
97	2.341	20.59	20.90	25.82	26.20	−41.60	3 276.01	3 313.94	3 212.19	3 245.07	3 400.00
107	2.405	20.15	20.44	25.25	25.63	−43.20	3 305.17	3 343.29	3 238.07	3 271.22	3 420.00
157	2.655	18.77	19.01	23.39	23.75	−49.00	3 408.23	3 446.87	3 329.00	3 362.97	3 540.00
207	2.834	17.98	18.19	22.27	22.63	−52.40	3 477.38	3 516.26	3 389.53	3 423.96	3 620.00
257	2.971	17.40	17.59	21.43	21.78	−54.60	3 533.78	3 572.78	3 438.62	3 473.36	3 680.00
307	3.08	17.00	17.17	20.82	21.16	−56.20	3 577.74	3 616.81	3 476.73	3 511.68	3 740.00
407	3.246	16.43	16.57	19.94	20.27	−58.40	3 645.08	3 684.20	3 534.83	3 570.07	3 800.00

注：表中①为微分精确解；②为微分近似解；③为代数精确解；④为代数近似解。

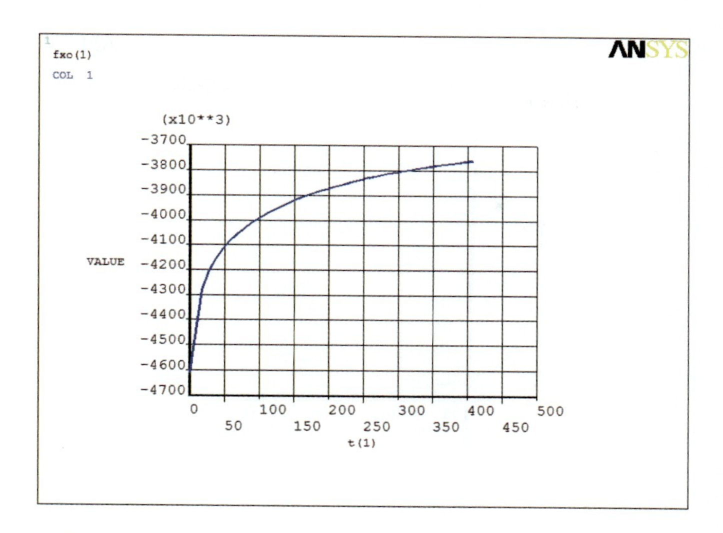

图 3.12　混凝土截面轴力的时随曲线（ANSYS 原始输出图）

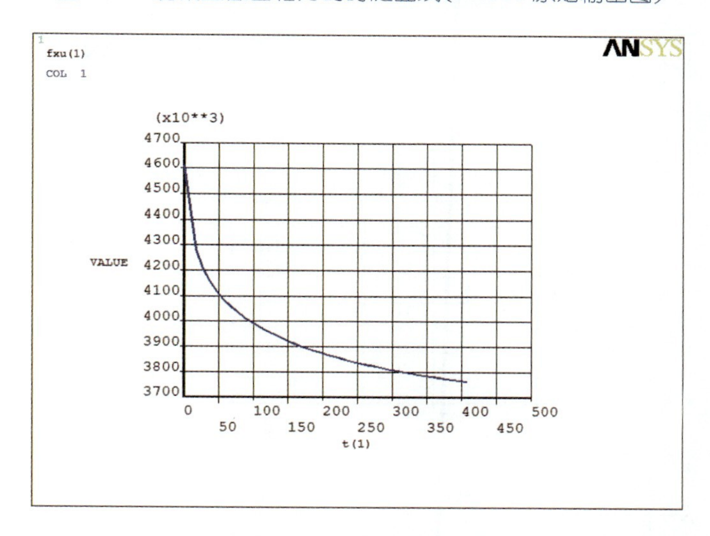

图 3.13　钢梁截面轴力的时随曲线（ANSYS 原始输出图）

图 3.12 至图 3.15 是 ANSYS 输出的原始图，图中的符号代表各内力：fxo——混凝土轴力；fxu——钢梁轴力；mzo——混凝土弯矩；mzu——钢梁弯矩。各图中的数值与表 3.3 和表 3.4 中带阴影部分的数值对应，表中的解析计算值和 ANSYS 计算值绘制在同一坐标中，得到图 3.16 至图 3.18。

通过对比表 3.3 和表 3.4，解析法和 ANSYS 在计算混凝土的轴力、钢梁的轴力和弯矩方面吻合性非常好，平均相差 3% 左右，最大的差距也不超过 8%。单从数值上看，混

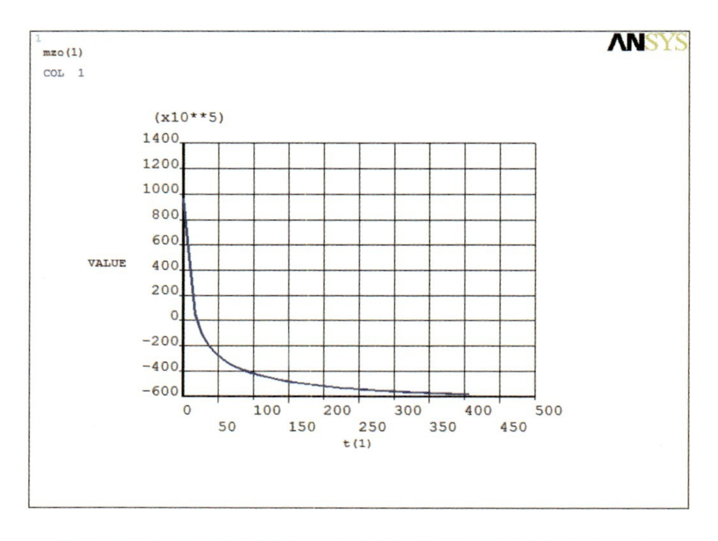

图 3.14　混凝土截面弯矩的时随曲线（ANSYS 原始输出图）

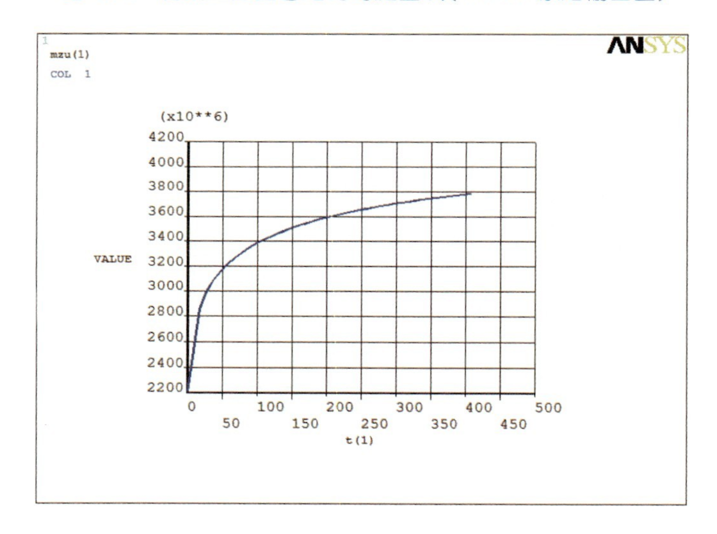

图 3.15　钢梁截面弯矩的时随曲线（ANSYS 原始输出图）

凝土的弯矩似乎表现出较大的差异，但从组合梁整体平衡和受力特点来看，混凝土的弯矩相对钢梁弯矩来说非常小，甚至可以忽略不计，钢梁弯矩主要是靠混凝土轴力与两种截面形心距离的乘积来抵抗，两种方法计算的混凝土弯矩差异也可以忽略。从图 3.18 也可以看出这一点，混凝土和钢梁弯矩在同一图中，混凝土的弯矩非常小，解析值和有限元计算值分布在 0 附近，吻合性较好。

从图 3.16 至图 3.18 可以看出，ANSYS 在计算组合梁截面内力方面与解析计算值有

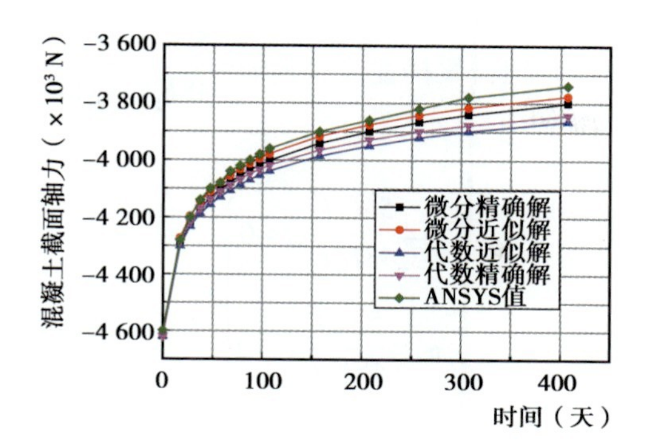

图 3.16　混凝土截面轴力的时随规律对比

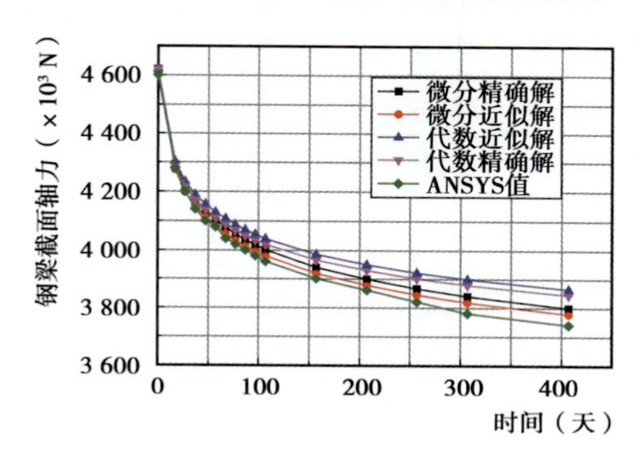

图 3.17　钢梁截面轴力的时随规律对比

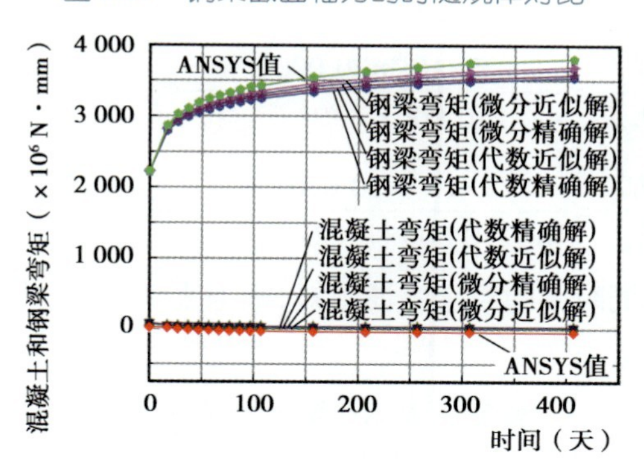

图 3.18　混凝土和钢梁截面的弯矩时随规律对比

非常好的吻合性，能准确地描述组合梁徐变的受力特征。

2）变形对比分析

（1）挠度对比

挠度的解析法根据式（2.23）计算，同时根据受均布荷载作用的简支梁跨中挠度 $w=$

$\dfrac{5ql^4}{384E_sI_{t0}}$，跨中弯矩 $M_0=\dfrac{ql^2}{8}$，则组合梁挠度公式为 $w=\dfrac{5M_{s0}l^2}{48E_sI_s}=\dfrac{5M_0l^2}{48E_sI_{t0}}$。

①内力分配法

$$\left.\begin{aligned} w&=\frac{5M_{s0}l^2}{48E_sI_s},t=0\\ w_t&=\frac{5M_{st}l^2}{48E_sI_s},t>0\end{aligned}\right\}\tag{3.11}$$

即

$$\left.\begin{aligned} w_0&=\frac{5M_{s0}l^2}{48E_sI_s}=\frac{5\times2\ 218.4\times10^6\times20\ 000^2}{48\times210\ 000\times48\ 600\times10^6}=9.028\ \text{mm},t=0\\ w_t&=\frac{5M_{st}l^2}{48E_sI_s}=\frac{5\times3\ 645.08\times10^6\times20\ 000^2}{48\times210\ 000\times48\ 600\times10^6}=14.88\ \text{mm},t=407\end{aligned}\right\}\tag{3.12}$$

②直接法

$$\left.\begin{aligned} w_0&=\frac{5M_0l^2}{48E_sI_{t0}},t=0\\ w_t&=\frac{5M_0l^2}{48E_sI_{tt}},t>0\end{aligned}\right\}\tag{3.13}$$

即

$$\left.\begin{aligned} w_0&=\frac{5M_0l^2}{48E_sI_{t0}}=\frac{5\times10^{10}\times20\ 000^2}{48\times210\ 000\times2\ 197.67\times10^8}=9.028\ \text{mm},t=0\\ w_t&=\frac{5M_0l^2}{48E_sI_{tt}}=\frac{5\times10^{10}\times20\ 000^2}{48\times210\ 000\times1.342\ 4\times10^8}=14.780\ \text{mm},t=407\end{aligned}\right\}\tag{3.14}$$

式中的 I_{t0}、I_{tt} 分别为不同时刻的组合梁惯性矩，根据表 2.14 采用 Matlab 计算，结果见表 3.5。

表 3.5　基本计算参数（直接法）

S_{t0} ($\times10^6$ mm^3)	α_N	α_M	φ_t	$d_{cr}=d\dfrac{m_{A\varphi}}{m_{I\varphi}}$	$k=\dfrac{S_{t0}}{I_s}\cdot R\cdot\dfrac{1-e^{-\alpha_N}\cdot\varphi_t}{\varphi_t}$	$m_E=\dfrac{E_s}{E_c}$	$\psi_A^M=\dfrac{e^{\alpha_N\cdot\varphi_t}-1}{\alpha_N\cdot\varphi_t}$
101.62	0.061 2	0.966 9	3.246	288.26	−2.207 5	6.09	1.106 4
$\psi_I^M=\dfrac{(1-e^{\alpha_N\cdot\varphi_t})\cdot(1-k)+k\cdot\varphi_t}{\varphi_t[1-(1-e^{-\varphi_t})\cdot(1-k)]}$			$m_{A\varphi}=m_E(1+\psi_A^M\cdot\varphi_t)$		$m_{I\varphi}=m^E(1+\psi_I^M\cdot\varphi_t)$	I_{t0} ($\times10^8$ mm^4)	I_{tt} ($\times10^8$ mm^4)
1.164			27.974 5		29.113 5	2 197.67	1 342.4

从式(3.12)和式(3.14)可看出,解析的两种方法计算的挠度值吻合性非常好。

③ANSYS 计算

通过时间历程后处理器(Post26)的绘图功能可以输出模型的竖向位移图,如图 3.19 和图 3.20 所示。其中,图 3.19(a)表示 $t=0$ 时模型的整体竖向位移,图中英文分别表示:DISPLACEMENT——位移;STEP = 1——载荷步第 1 步;SUB = 1——子步为 1;TIME = 0.1E-06——接近于 0 的时间,因 ANSYS 中的 0 时刻无法计算,用一个足够小的数值代替;DMX = 11.888——最大位移值为 11.888 mm。图 3.19(b)表示 $t=0$ 时每个节点的竖向位移,图中英文分别表示:NODAL SOLUTION——节点求解;UY——Y 方向;RSYS = 0——笛卡尔坐标系;SMN = -11.887——竖向位移的最小值(坐标以向上为正,即向下方向的最大值);SMX = 0.015 393——竖向位移的最大值(坐标以向上为正,即向下方向的最小值)。图 3.20 与图 3.19 的不同之处在于载荷步和时间不同,即 STEP = 41,TIME = 407,相应地输出不同的位移值。从图 3.19 (a)看出,$t=0$ 时,模型的挠度最大值为 11.888mm,对应于图 3.19(b)中的 SMN = -11.887,竖向位移的最小值(坐标以向上为正,即向下方向的最大值)、最大值出现的位置是跨中截面的翼缘端部。由于模型中混凝土板的翼缘外伸宽度是取有效计算宽度,端部存在一定的不均匀效应,越靠近腹板处的变形,与钢梁的变形越接近。在解析计算中假定同一截面的变形相同,取钢梁底部为研究点,改点的挠度值作为所取截面的挠度。因此在对比分析中,ANSYS 模型中的研究点也取钢梁底部。

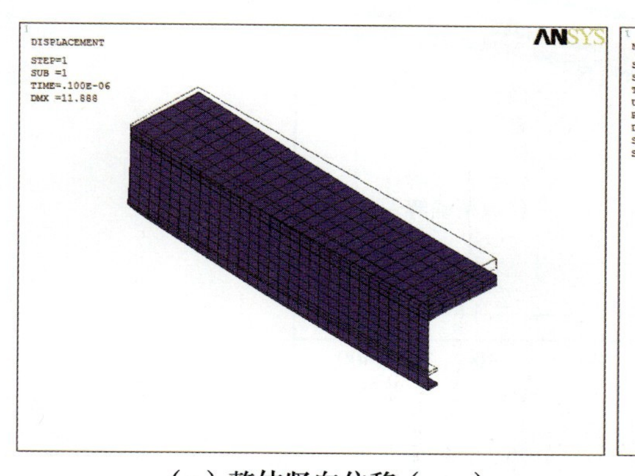

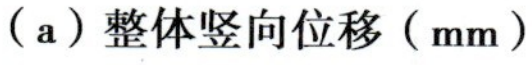
(a)整体竖向位移(mm)

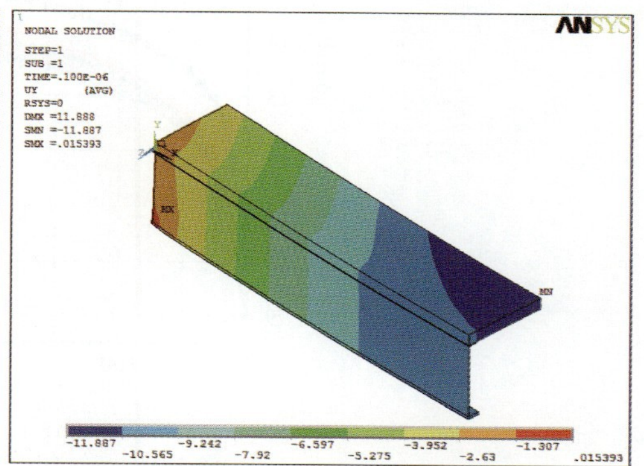

(b)节点竖向位移(mm)

图 3.19　模型的竖向位移($t=0$,ANSYS 原始输出图)

从图 3.19 (b)看出,$t=0$ 时,跨中挠度为 9.242~10.565 mm;从图 3.20(b)看出,$t=$ 407 天时,跨中挠度为 13.935~16.26 mm。对比式(3.12)和式(3.14),ANSYS 与解析计算

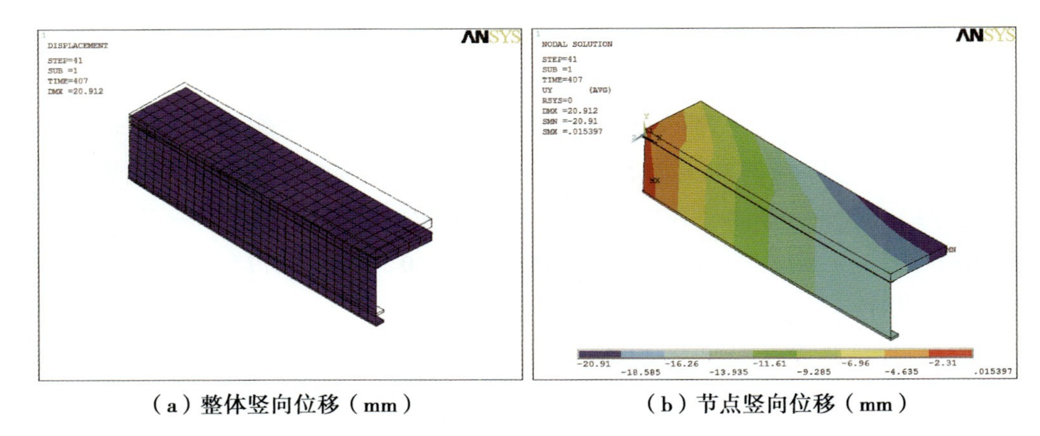

（a）整体竖向位移（mm）（b）节点竖向位移（mm）

图 3.20 模型的竖向位移（$t=407$，ANSYS 原始输出图）

值有较好的吻合性。从云图只能获得数值的范围，通过 list 功能可以获得研究点的具体挠度值。为了体现跨中挠度随时间变化的规律，从时间历程后处理器中提取跨中钢梁底部的节点竖向位移数据与解析值进行对比，如图 3.21 所示。从图中可以看出，解析计算中的所有解均有较好的吻合性，尤其是微分近似解与直接法，曲线基本重合，ANSYS 值相对解析计算值稍高，但差别很小，最大差别程度为 6.9%；所有曲线均有相同的发展趋势。

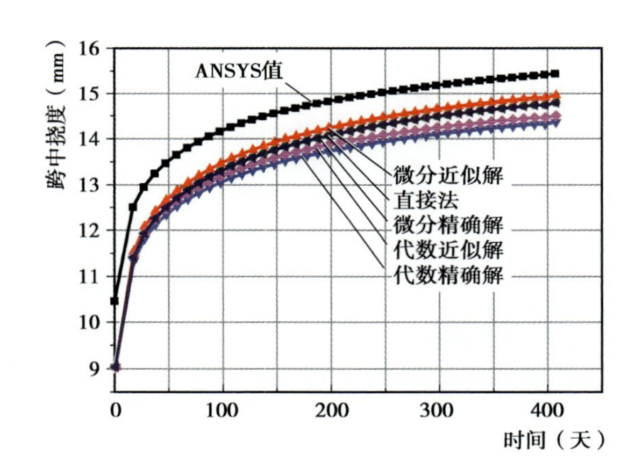

图 3.21 跨中挠度的时随规律对比

（2）横截面应变对比

对比内容为跨中截面混凝土上表面应变 ε_c^{top} 和钢梁下表面应变 ε_s^{bot}。

内力分配法计算截面应变根据式（2.21），因钢梁的弹性模量不改变，所以 $\varepsilon_s^{bot}=\sigma_s^{bot}/E_s$，混凝土应变 ε_c^{top} 根据平截面基本假定，按比例求解；直接法计算截面应变根据表

2.10。

①内力分配法

$$\left.\begin{aligned}&\delta_{c0}^{top}=\frac{N_{c0}}{A_c}-\frac{M_{c0}}{I_c}\cdot 150,\ \delta_{c0}^{bot}=\frac{N_{c0}}{A_c}+\frac{M_{c0}}{I_c}\cdot 150\\&\delta_{s0}^{top}=\frac{N_{c0}}{A_s}-\frac{M_{c0}}{I_s}\cdot 1\,518,\ \delta_{s0}^{bot}=\frac{N_{c0}}{A_s}+\frac{M_{c0}}{I_s}\cdot 582\\ t=0:\quad&\varepsilon_{s0}^{bot}=\frac{\delta_{s0}^{bot}}{E_s},\ \varepsilon_{c0}^{top}=\frac{\delta_{c0}^{top}}{E_c}\end{aligned}\right\}\tag{3.15}$$

$$\left.\begin{aligned}&\delta_{ct}^{top}=\frac{N_{ct}}{A_c}-\frac{M_{ct}}{I_c}\cdot 150,\ \delta_{ct}^{bot}=\frac{N_{ct}}{A_c}+\frac{M_{ct}}{I_c}\cdot 150\\&\delta_{st}^{top}=\frac{N_{ct}}{A_s}-\frac{M_{ct}}{I_s}\cdot 1\,518,\ \delta_{st}^{bot}=\frac{N_{ct}}{A_s}+\frac{M_{ct}}{I_s}\cdot 582\\&\varepsilon_{st}^{bot}=\frac{\delta_{st}^{bot}}{E_s},\ \varepsilon_{st}^{top}=\frac{\delta_{st}^{top}}{E_s}\\ t>0:\quad&\varepsilon_{ct}^{top}=\frac{8\varepsilon_{st}^{top}-\varepsilon_{st}^{bot}}{7}\end{aligned}\right\}\tag{3.16}$$

经 Matlab 编程计算，$t=0$：
$$\begin{cases}\varepsilon_{c0}^{top}=-1.317\ 9\times10^{-4}\\ \varepsilon_{s0}^{bot}=3.882\ 5\times10^{-4}\end{cases}$$

$t=407$：
$$\begin{cases}\varepsilon_{c407}^{top}=-4.290\ 1\times10^{-4}\\ \varepsilon_{s407}^{bot}=4.227\ 6\times10^{-4}\end{cases}$$

②直接法

$$\left.\begin{aligned}&\varepsilon_{c0}^{top}=\frac{M_0}{E_cI_{t0}}\cdot\frac{y_c^{top}}{m_E}\\ t=0:\quad&\varepsilon_{s0}^{bot}=\frac{M_0}{E_sI_{t0}}\cdot y_s^{bot}\end{aligned}\right\}\tag{3.17}$$

$$\left.\begin{aligned}&\varepsilon_{ct}^{top}=\frac{M_0}{E_c(1+\psi_I^M\varphi_t)I_{tt}}\cdot\frac{y_c^{top}}{m_{A\varphi}}\\ t>0:\quad&\varepsilon_{st}^{bot}=\frac{M_0}{E_sI_{tt}}\cdot y_s^{bot}\end{aligned}\right\}\tag{3.18}$$

经 Matlab 编程计算，$t=0$：
$$\begin{cases}\varepsilon_{c0}^{top}=-1.317\ 8\times10^{-4}\\ \varepsilon_{s0}^{bot}=3.882\ 1\times10^{-4}\end{cases}$$

$$t=407: \quad \begin{cases} \varepsilon_{c407}^{top}=-4.443\ 2\times10^{-4} \\ \varepsilon_{s407}^{bot}=4.223\times10^{-4} \end{cases}$$

对比两种解析计算方法结果,吻合性非常好。

③ANSYS 计算

通过时间历程后处理器(Post26)的绘图功能可以输出模型节点的应变图,如图 3.22 和图 3.23 所示。图中的英文表示的含义同前所述。

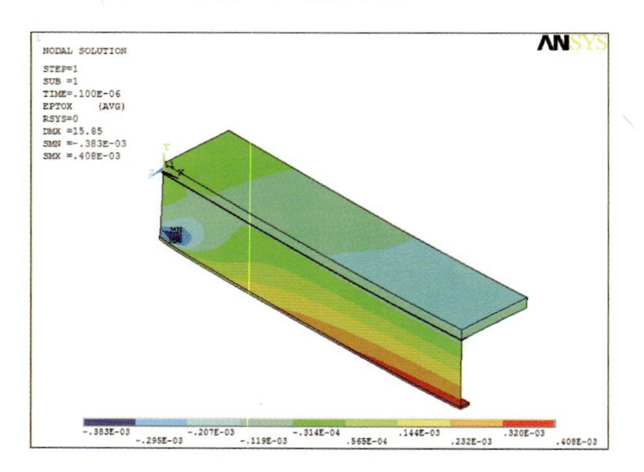

图 3.22　截面应变($t=0$,ANSYS 原始输出图)

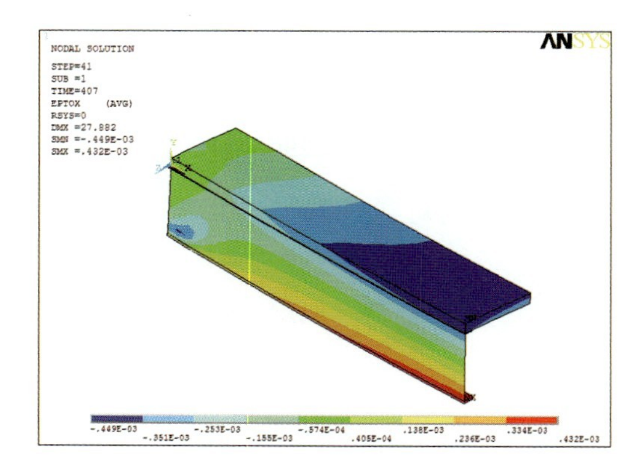

图 3.23　截面应变($t=407$,ANSYS 原始输出图)

从图 3.22 可以看出,当 $t=0$ 时,跨中截面混凝土上表面的应变值为 $-0.119\times10^{-3}\sim-0.207\times10^{-3}$;钢梁下表面应变值为 $0.32\times10^{-3}\sim0.408\times10^{-3}$。

从图 3.23 可以看出,当 $t=407$ 时,跨中截面混凝土上表面的应变值为 $-0.351\times10^{-3}\sim-0.449\times10^{-3}$;钢梁下表面应变值为 $0.334\times10^{-3}\sim0.432\times10^{-3}$。

ANSYS 计算的结果与解析计算值有较好的吻合性。

从云图只能获得数值的范围，通过 list 功能可以获得研究点的具体应变值。为了体现跨中截面某一点的应变随时间变化的规律，从时间历程后处理器中提取数据与解析值进行对比，如图 3.24 和图 3.25 所示。

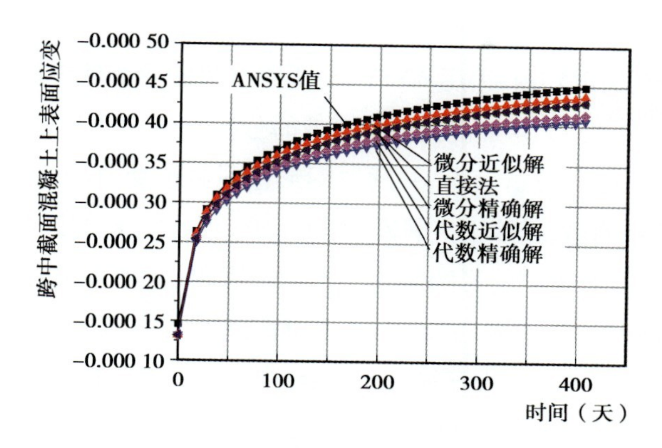

图 3.24　跨中截面混凝土上表面应变对比

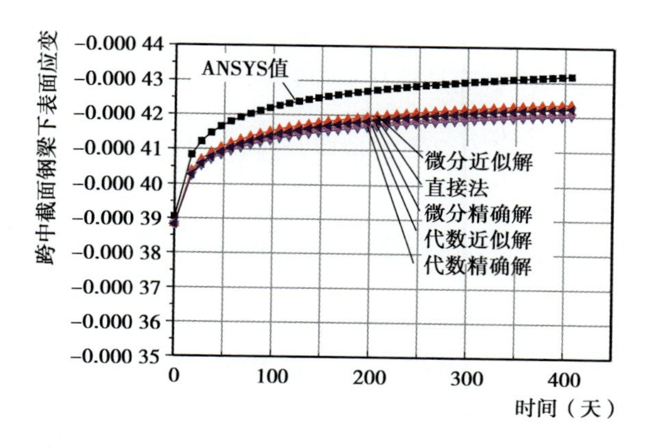

图 3.25　跨中截面钢梁下表面应变对比

从图 3.24 和图 3.25 可以看出，跨中截面混凝土上表面的应变值在采用解析方法的 5 种解和 ANSYS 中均表现出良好的吻合性，钢梁下表面应变值的解析计算值基本重合，ANSYS 稍微偏大，最大偏差值在 9% 左右，所有曲线均表现出一致的发展趋势。

从本节的分析可以看出，ANSYS 在模拟组合梁徐变效应方面与解析计算值有非常高的吻合度，验证了理论计算方法的正确性，也证实了该软件在分析组合梁的长期力学性能方面的适用性。

3.3 影响组合梁徐变的关键因素分析

从 3.2 节的分析可以知道，采用 ANSYS 分析组合梁的徐变效应是可行的，这对于全面深入地了解组合梁长期力学性能提供了有效的分析工具。对于解析计算无法全面覆盖的内容可以通过有限元分析获得，并通过图形直观显示受力、破坏的全过程，同时还可以考虑更多的影响参数，排除干扰因素，有助于设计出更合理的试件。

对于素混凝土而言，徐变的影响因素包括内在因素（如水泥品种、水胶比、骨料、构件尺寸等）和外部条件（如环境的温度和湿度、加载的龄期和荷载持续时间等），这些因素对混凝土徐变的影响最终体现在徐变系数 φ_t 中。这部分分析已有大量的研究成果，工程中可以根据实际情况对以上因素加以优化，设计出合理的混凝土试件。对于组合梁，在受徐变系数 φ_t 影响的同时，还受到钢梁不同约束程度的影响。约束程度的影响参数包括：混凝土弹性模量、翼缘宽度、厚度；钢梁弹性模量、截面高度、钢梁截面面积等。这些影响参数不是独立存在的，而是相互制约影响的。

本书提出采用系数$j=\dfrac{A_{c0}I_{c0}}{A_sI_s}$作为判断钢梁对混凝土约束程度的大小。由 2.2 节可以知道，$A_{c0}=A_c\cdot\dfrac{E_c}{E_s}$，$I_{c0}=I\cdot\dfrac{E_c}{E_s}$，因此该系数$j=\dfrac{A_{c0}I_{c0}}{A_sI_s}$涵盖了混凝土和钢梁截面面积、弹性模量和惯性矩等影响参数。当 $j=0$，约束为 0，即为全混凝土试件；$j=\infty$，约束最大，即为全钢梁试件；实际的组合梁处于两种极限之间。该系数受惯性矩影响，而惯性矩与截面高度的 3 次方成正比，因此，截面高度的变化对系数的影响具有举足轻重的作用。

【例 3.2】 本文例 2.1 中设计了 8 种截面，通过改变钢梁的总高度来实现系数 j 的变化。

本例中采用与例 2.1 相同的截面（见图 3.26）进行有限元分析，以获得钢梁的约束程度对混凝土徐变和收缩的影响。设截面取自跨度 $L=20$ m 的简支梁，同时考虑徐变和收缩的影响，混凝土等级为 C30，年平均湿度 $RH=30\%$。令加载龄期和收缩龄期相等，即$t_0=t_s=7$天，截面的详细参数见表 2.1。徐变和收缩对组合梁的影响体现在混凝土和钢梁各自截面重分布内力的变化，从宏观上看最终导致组合梁的变形改变。通过 ANSYS 时间后处理提取 8 种截面的重分布内力和跨中挠度随时间变化的数值，见表 3.6—表 3.8。内力值只列出混凝土重分布轴力 N_{cr}和钢梁重分布弯矩 M_{sr}，其他内力根据

平衡关系 $N_{cr}=-N_{sr}$，$M_{sr}=-M_{cr}+N_{cr}\cdot R$ 获得。

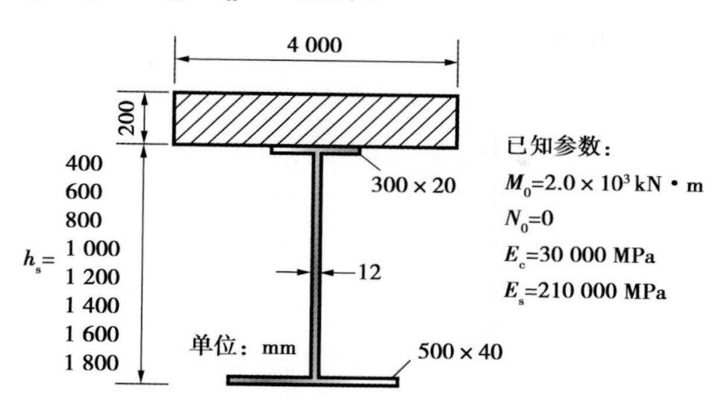

图 3.26　组合梁截面参数(例 3.2)

表 3.6　8 种截面的混凝土重分布轴力 N_{cr} 随时间变化值(N)

时间(天)	截面							
	1	2	3	4	5	6	7	8
	h_s=400 j=2.031	h_s=600 j=0.749	h_s=800 j=0.363	h_s=1 000 j=0.200	h_s=1 200 j=0.126	h_s=1 400 j=0.083	h_s=1 600 j=0.058	h_s=1 800 j=0.041
17	31.61	158.42	194.12	207.13	213.23	216.99	219.97	222.72
27	62.22	202.16	240.78	254.54	260.86	264.77	267.92	270.91
37	84.79	231.45	271.38	285.35	291.68	295.59	298.78	301.86
47	102.43	253.27	293.90	307.92	314.19	318.05	321.24	324.35
57	118.15	272.08	313.17	327.16	333.34	337.13	340.30	343.42
67	131.61	287.83	329.19	343.12	349.19	352.91	356.04	359.17
77	143.97	302.05	343.59	357.42	363.38	367.02	370.11	373.22
87	155.14	314.71	356.35	370.08	375.93	379.49	382.53	385.63
97	165.05	325.80	367.50	381.12	386.86	390.34	393.34	396.42
107	175.06	336.90	378.63	392.12	397.74	401.14	404.09	407.14
157	211.58	376.60	418.17	431.10	436.23	439.28	441.99	444.92
207	236.97	403.58	444.87	457.32	462.05	464.82	467.35	470.15
257	258.15	425.78	466.72	478.73	483.11	485.62	487.97	490.66
307	274.93	443.19	483.81	495.44	499.53	501.82	504.01	506.60
357	288.73	457.41	497.73	509.04	512.87	514.97	517.04	519.53
407	301.04	470.03	510.06	521.07	524.67	526.60	528.54	530.94

表 3.7　8 种截面的钢梁重分布弯矩 M_{sr} 随时间变化值(N·mm)

时间(天)	截面							
	1	2	3	4	5	6	7	8
	$h_s=400$ $j=2.031$	$h_s=600$ $j=0.749$	$h_s=800$ $j=0.363$	$h_s=1\ 000$ $j=0.200$	$h_s=1\ 200$ $j=0.126$	$h_s=1\ 400$ $j=0.083$	$h_s=1\ 600$ $j=0.058$	$h_s=1\ 800$ $j=0.041$
17	101.84	127.76	152.59	177.71	203.40	229.75	256.78	284.50
27	123.21	155.22	185.67	216.29	247.50	279.42	312.11	345.58
37	136.94	172.92	207.00	241.15	275.88	311.36	347.64	384.76
47	146.92	185.82	222.54	259.27	296.55	334.59	373.47	413.21
57	155.40	196.79	235.76	274.66	314.10	354.31	395.37	437.32
67	162.41	205.87	246.70	287.39	328.61	370.60	413.46	457.22
77	168.68	213.99	256.48	298.77	341.58	385.16	429.61	474.98
87	174.23	221.18	265.14	308.84	353.04	398.01	443.87	490.65
97	179.06	227.44	272.67	317.60	363.02	409.20	456.27	504.28
107	183.87	233.67	280.18	326.33	372.94	420.32	468.60	517.81
157	200.90	255.74	306.73	357.16	407.99	459.57	512.05	565.50
207	212.34	270.58	324.56	377.84	431.47	485.83	541.09	597.33
257	221.70	282.69	339.11	394.71	450.60	507.21	564.71	623.19
307	229.00	292.15	350.46	407.85	465.50	523.84	583.08	643.29
357	234.95	299.85	359.69	418.54	477.60	537.35	597.99	659.60
407	240.21	306.66	367.86	427.99	488.30	549.28	611.14	673.98

表 3.8　8 种截面跨中挠度 w_{st} 随时间变化值(mm)

时间(天)	截面							
	1	2	3	4	5	6	7	8
	$h_s=400$ $j=2.031$	$h_s=600$ $j=0.749$	$h_s=800$ $j=0.363$	$h_s=1\ 000$ $j=0.200$	$h_s=1\ 200$ $j=0.126$	$h_s=1\ 400$ $j=0.083$	$h_s=1\ 600$ $j=0.058$	$h_s=1\ 800$ $j=0.041$
0	87.41	44.45	26.36	17.23	12.05	8.84	6.73	5.27
17	115.77	58.61	35.15	23.38	16.67	12.50	9.72	7.79
27	121.72	61.66	37.06	24.72	17.68	13.29	10.37	8.33
37	125.54	63.62	38.29	25.58	18.32	13.80	10.78	8.67
47	128.32	65.05	39.18	26.21	18.79	14.17	11.08	8.93
57	130.68	66.26	39.95	26.74	19.19	14.48	11.34	9.14
67	132.63	67.27	40.58	27.18	19.52	14.74	11.55	9.32

续表

时间（天）	截面							
	1	2	3	4	5	6	7	8
	$h_s=400$ $j=2.031$	$h_s=600$ $j=0.749$	$h_s=800$ $j=0.363$	$h_s=1\ 000$ $j=0.200$	$h_s=1\ 200$ $j=0.126$	$h_s=1\ 400$ $j=0.083$	$h_s=1\ 600$ $j=0.058$	$h_s=1\ 800$ $j=0.041$
77	134.38	68.17	41.14	27.57	19.82	14.97	11.74	9.47
87	135.92	68.97	41.64	27.92	20.08	15.18	11.90	9.61
97	137.27	69.66	42.07	28.23	20.31	15.35	12.05	9.73
107	138.61	70.35	42.51	28.53	20.53	15.53	12.19	9.85
157	143.35	72.80	44.04	29.59	21.33	16.16	12.70	10.27
207	146.53	74.44	45.06	30.31	21.86	16.57	13.04	10.56
257	149.14	75.78	45.90	30.89	22.30	16.91	13.31	10.78
307	151.17	76.83	46.56	31.35	22.64	17.18	13.53	10.96
357	152.83	77.69	47.09	31.72	22.91	17.39	13.70	11.11
407	154.29	78.44	47.56	32.05	23.16	17.58	13.86	11.23
最终变化倍数	$(w_{407}/w_0)\times100\%$							
	1.77	1.77	1.80	1.86	1.92	1.99	2.06	2.13

从表 3.6—表 3.8 可以看出，随着钢梁高度 h_s 的增加，钢梁的轴力和弯曲刚度也增大，从而对混凝土的约束程度增大，重分布内力随之增大，其结果是混凝土板的最终内力减小越多，钢梁的最终内力增大越多，即混凝土板中减小的内力转移到钢梁中。挠度变化量也随钢梁约束增大而增加，徐变和收缩前后挠度的最终变化倍数为 1.77～2.13（见表 3.8 的阴影部分数据），这与增大约束表现出相同的趋势。将内力和挠度的变化进行对比，如图 3.27—图 3.30 所示。

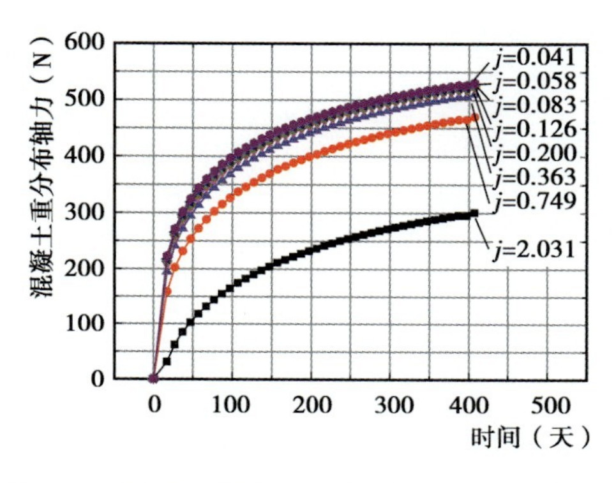

图 3.27　不同截面的混凝土重分布轴力对比

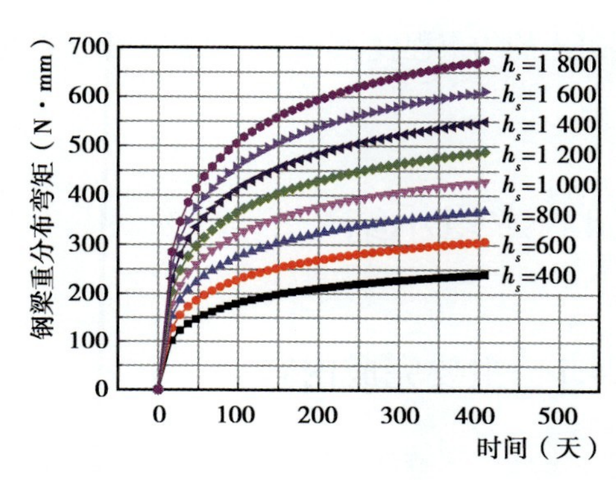

图 3.28　不同截面的钢梁重分配弯矩对比

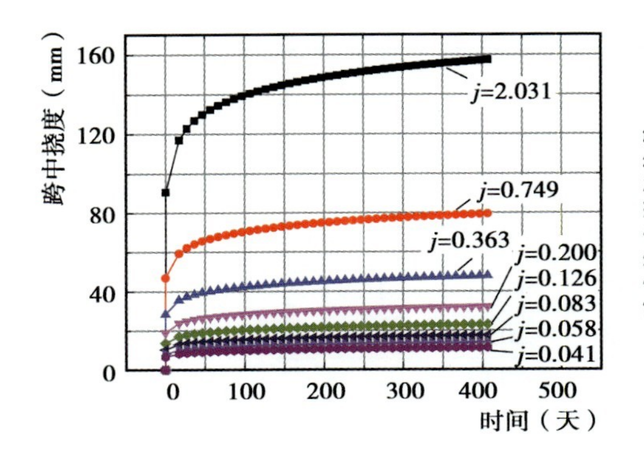

图 3.29　不同截面的跨中挠度对比

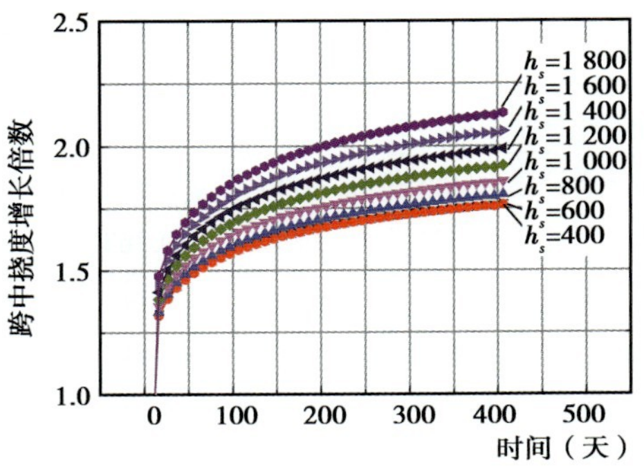

图 3.30　不同截面的跨中挠度增大倍数对比

因 j 的变化与 h_s 的 3 次方成正比，所以 j 的变化速率要远大于 h_s。从图 3.27 可以看出，混凝土的重分布轴力 N_{cr} 与 j 成比例，随着 j 减小，即组合梁中混凝土所占刚度减小，钢梁的约束增大，混凝土重分布轴力随之增大；当 $j \leqslant 0.2$ 时，混凝土重分布内力趋于重合，也进一步证明了 2.2.1 节中微分方程近似解的正确性，即满足 $j \leqslant 0.2$ 条件下，在公式 $M_{sr}=-M_{cr}+N_{cr} \cdot R$ 中忽略 M_{cr} 的影响，只有 N_{cr} 接近相等才能满足平衡条件。从图 3.28 还可以看出，钢梁的重分布弯矩变化与钢梁的高度 h_s 成比例，随着 h_s 均匀增加，M_{sr} 也均匀增加。

在相同荷载作用下，钢梁刚度小（j 较大）的梁具有较大的初始挠度，挠度的发展与 j 相同。从图 3.29 可以看出，$j \leqslant 0.2$ 的梁具有接近的挠度。用每一时间点的挠度与初始挠度相比，得到挠度的增长倍数，即 $\frac{w_{st}}{w_{s0}}$。从图 3.30 可以看出，随着钢梁约束刚度的增加，挠度的增长倍数均匀增加，这与增大约束时钢梁的重分布弯矩变化具有相同的趋势。

从以上分析可以知道，引起组合梁应力重分布和变形变化的关键性因素是钢梁对混凝土的约束程度，约束程度越大，重分布的程度越显著。

3.4　本章小结

3.4.1　主要完成内容

①通过求解徐变（收缩）本构方程系数，采用 APDL 流程编写，在 ANSYS 中实现了准确模拟混凝土的徐变（收缩）本构关系，并通过算例进行验证。

②采用解析方法和 ANSYS 对比分析了算例中的以下内容：

内力对比：(内力分配法与 ANSYS 对比)

a.混凝土和钢梁各自截面形心处的轴力随时间变化的规律；

b.混凝土和钢梁各自截面形心处的弯矩随时间变化的规律。

变形对比：(内力分配法、直接法与 ANSYS 对比)

a.组合梁跨中挠度随时间变化的规律；

b.组合梁截面应变随时间变化的规律。

③提出采用系数 $j=\frac{A_{c0}I_{c0}}{A_sI_s}$ 作为判别钢梁对混凝土的约束程度，并对不同约束程度的 8 种组合梁截面进行有限元分析，获得了重分布内力和跨中挠度随 j 变化的时随规律。

3.4.2 结论和规律

①采用 ANSYS 软件在计算素混凝土试件的徐变系数、收缩应变和试件的应变方面与解析就算值有非常高的吻合度，采用该软件在模拟混凝土徐变(收缩)的本构关系方面获得了很好的效果，实现了准确描述混凝土长期变形效应的最基本功能。这一功能是准确模拟组合梁长期效应的第一步，也是最重要的因素，在素混凝土上得到较好的模拟效果，才能把相应的方法应用到组合梁中。

②采用 ANSYS 软件在计算组合梁算例中混凝土和钢梁各自截面形心处的轴力和弯矩、组合梁跨中挠度以及截面应变方面与前面章节采用的解析方法计算结果吻合性非常好，既充分验证了解析计算方法的正确性，也证实了该软件在分析组合梁的长期力学性能方面的适用性。

③经有限元分析发现，随着钢梁高度的增加，钢梁的轴力和弯曲刚度也增大，从而对混凝土的约束程度增大，重分布内力随之增大，其结果是混凝土板的最终内力减小越多，钢梁的最终内力增大越多，即混凝土板中减小的内力转移到钢梁中。挠度变化量也随钢梁约束增大而增加。混凝土的重分布轴力 N_{cr} 和跨中挠度的发展与 j 的变化成比例，钢梁的重分布弯矩 M_{sr} 和跨中挠度的增长倍数与钢梁高度 h_s 的变化成比例。

第 4 章　试验分析——对比解析和数值计算结果及组合梁力学规律分析

徐变和收缩对组合梁性能影响的计算是十分复杂的问题,这些问题包含了相当数量的不定因素,几乎所有影响徐变和收缩的因素连同它们产生的结果本身就是随机变量。为了获取这些参数,试验的工作量非常大;同时,徐变和收缩属于长期力学性能,费时长、耗资大;观测仪器、试验场地等条件实现起来也很困难,目前国内外可参考的试验研究文献也很少[5,39,75,77-79],必须严谨设计试验方案,确保万无一失。本章的试验不可能涵盖与徐变和收缩相关的所有内容,根据理论计算要点,此次试验的目的是验证部分解析、数值分析的正确性并揭示组合梁的长期力学规律,同时鸣谢国家自然科学基金资助,使试验顺利进行。

4.1　试验设计方案

根据组合梁中的钢梁和钢筋对混凝土的约束程度来设计截面尺寸。

设计制作编号为 SCB-1—SCB-4 的 4 根简支组合梁试件,以配筋率和钢梁截面尺寸为变化参数,组合梁全部按照完全剪切连接设计,抗剪连接件栓钉以等间距 100 mm 沿组合梁全长均匀布置。试验周期为 300 天,测试内容包括机械百分表测量跨中和支座位移、振弦应变计测量混凝土上表面和钢梁下表面应变,在相同位置用带标距的千分表对应变进行对比性测试;用反力计测量支座处的反力;电子温湿度计测量环境的温度和湿度。

表 4.1　试验梁的基本参数

编号	混凝土板(mm)		栓钉	变化参数			研究要点
	h_c	b_e	单排	钢梁尺寸(mm)($h_s \times b_f \times t_w \times t_f$)	纵向配筋(%)	横向配筋率(%)	
SCB-1	110	1 000	@ 100	175×90×5×8	0.5(Φ 8@ 200)	0.5(Φ 8@ 200)	1. SCB-1 和 SCB-2 对比配筋率不同对混凝土约束徐变的影响; 2. SCB-1、SCB-3 和 SCB-4 对比钢梁刚度大小对混凝土约束徐变的影响。
SCB-2	110	1 000	@ 100	175×90×5×8	1.2(Φ 12@ 200)	0.5(Φ 8@ 200)	
SCB-3	110	1 000	@ 100	200×100×5.5×8	0.5(Φ 8@ 200)	0.5(Φ 8@ 200)	
SCB-4	110	1 000	@ 100	250×125×6×9	0.5(Φ 8@ 200)	0.5(Φ 8@ 200)	

注:h_c 为混凝土板厚度;b_e 为混凝土板宽度;h_s 为钢梁高度;b_f 为翼缘宽度;t_w 为腹板厚度;t_f 为翼缘厚度;Φ为钢筋直径(不同等级的钢筋表示的符号不同,这里简化表达统一用Φ表示)。

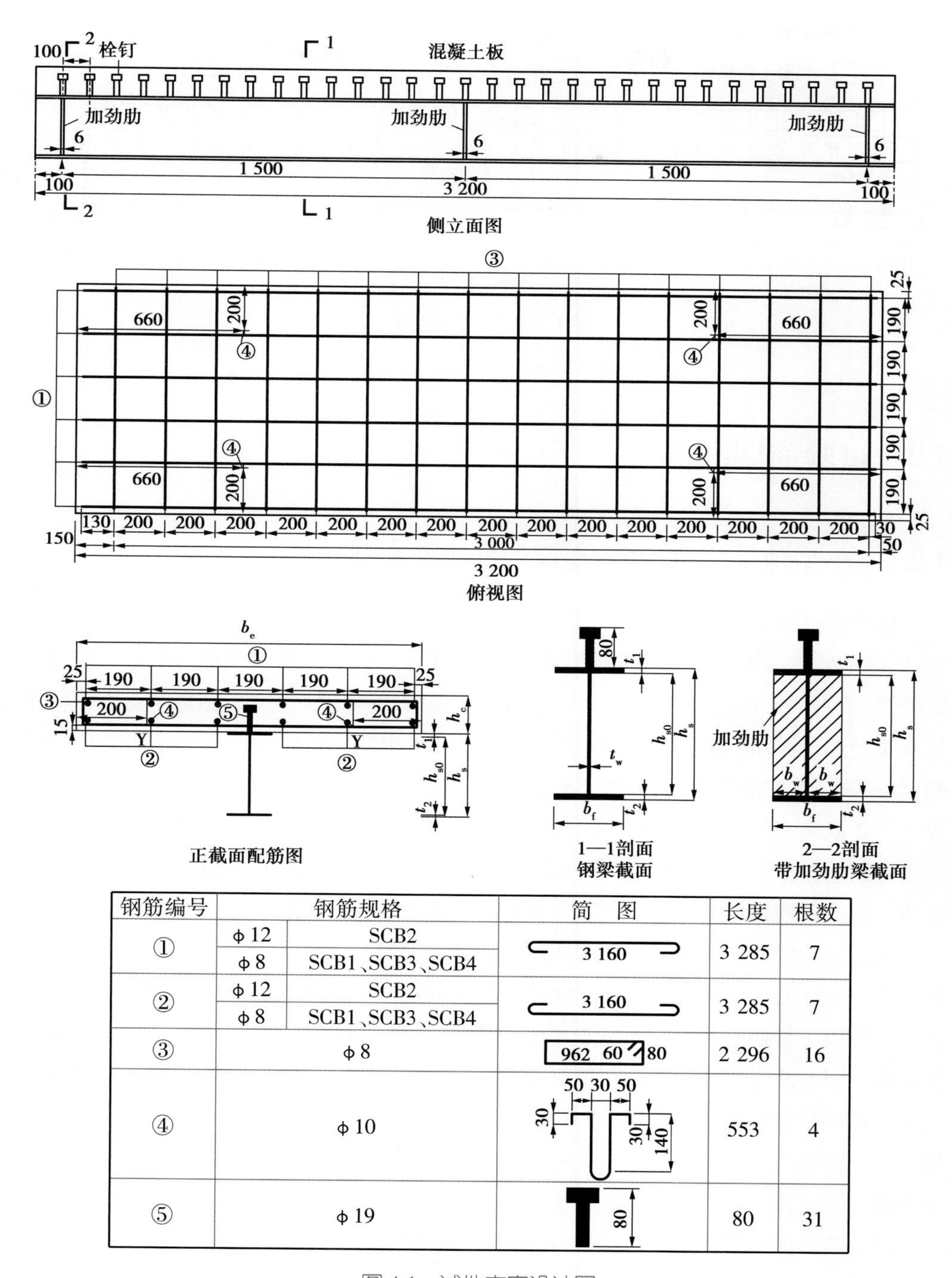

钢筋编号	钢筋规格		简　图	长度	根数
①	φ12	SCB2	3 160	3 285	7
	φ8	SCB1、SCB3、SCB4			
②	φ12	SCB2	3 160	3 285	7
	φ8	SCB1、SCB3、SCB4			
③	φ8		962　60　80	2 296	16
④	φ10		50 30 50　30　30　140	553	4
⑤	φ19		80	80	31

图 4.1　试件方案设计图

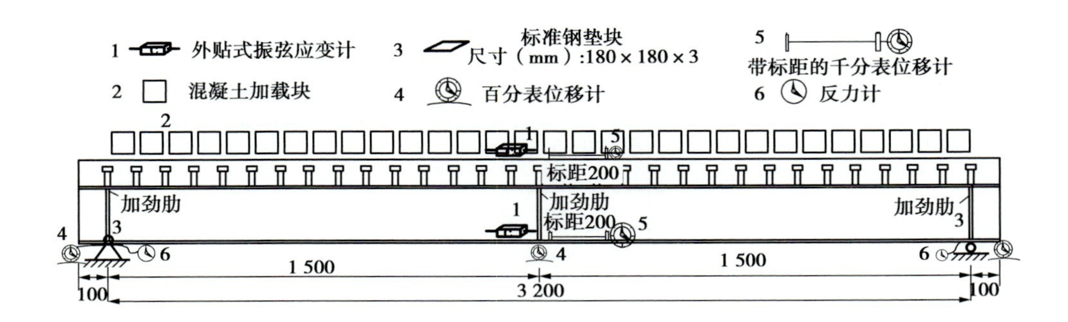

图 4.2 试件测试内容

4.2 试验前期准备

4.2.1 小型预试验,观测应变仪的准确性和适用性

由于该试验需要长期测数据,传统应变片读数需要通交流电,且观测的是短期数据,所以需要选择能长期测量试件的变形、稳定性较好且不需通交流电的仪器。经过对比筛选,采用振弦式应变计贴在试件表面,并用便携式读数仪进行数据采集。因该仪器从未使用过,是否能正确测出试件的应变值还尚未得知。为此设计了一个小型的预试验,观测该应变仪的准确性,以选出最适合试验使用的仪器。如图 4.3 所示,小型试验中设计了 2 根梁试件和 1 根柱试件,同时采取带标距的千分表进行对比性观测。该千分表在横向固定在标距为 L 的杆上,千分表读数是 ΔL,根据比值 $\Delta L/L$,就能获得观测点的应变值。试验周期为 30 天,测量内容为梁的跨中挠度和上下表面应变、柱的收缩量。

通过试验数据分析和解析计算,两种仪器均能较好地观测试件的长期变形。其中,振弦式应变计的优势在于能较敏感地测出温度对试件的影响,长期稳定性较好,适合在恶劣的环境下长期监测结构的应变变化,安装和采集数据都很方便,但精度较千分表要差一些。因为该应变计是通过读取频率信号来间接计算结构的应变,计算公式受仪器的率定系数及材料热膨胀系数的影响,同时需要购买配套的度数仪,造价较高。千分表属于直接测量方式,精度较好,和解析计算值非常吻合,但读数容易受观测者影响,产生观测误差,同时安装时较难把握仪器与控制点的咬合度,过松过紧都会导致数据不稳定。鉴于两种仪器的优缺点,拟在正式的试验中两种仪器都采用,在同一个测点有两个值进行对比,能进一步保证数据的有效性。

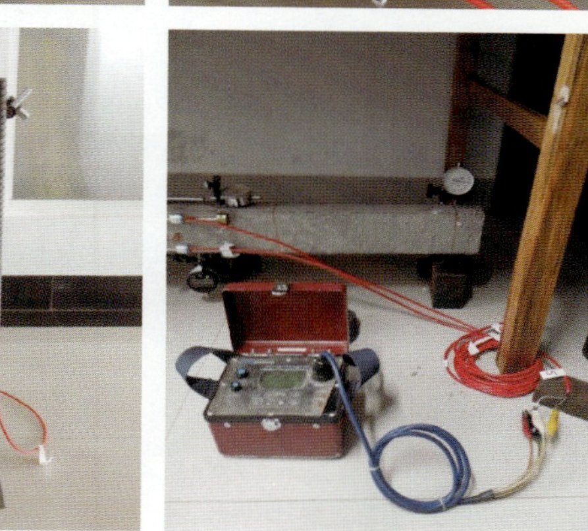

图 4.3　小型预试验图片

4.2.2　试验厂房搭建

组合梁长期试验需要一个干扰小、环境相对稳定、适宜操作的独立空间，才能保证数据的有效性。现有的试验室也承担了其他大量的试验工作，对该试验扰动较大，操作空间也较难保证。因此，在一块空地提前盖好一间厂房，专门用于该项目的长期力学试验，如图 4.4 所示。

图 4.4　组合梁长期力学试验工作厂房

4.3　试件制作及测试

试验中的钢材采用武汉集团昆明钢铁股份有限公司生产的 Q235KZ 热轧抗震 H 型钢，并按设计方案在沿梁长方向等间距 100 mm 布置 ϕ19 长度为 80 mm 的栓钉；钢材运至提前搭建好的试验厂房，并完成支模板和绑扎钢筋工作，如图 4.5 所示。

图 4.5　支模板和绑扎钢筋

试件的混凝土均采用 C30 等级，混凝土配合比为水：175 kg，325#水泥：461 kg，砂：512 kg，碎石：1 252 kg；配合比为 0.38∶1∶1.11∶2.72。为了使所有试件的混凝土尽可能同时浇筑，并在 1 h 内完成，采用商业混凝土公司的泵送浇筑形式，搭建厂房时提前在顶部预留几个活动天窗，便于混凝土从顶部伸入试验梁中进行浇筑。浇筑完毕，在厂房进行养护（见图 4.6），养护时间为 7 天。在整个施工过程中采用空心砌块进行支撑，相当于有临时支撑的施工方式。

图 4.6　混凝土浇筑和养护

混凝土的徐变在龄期越早越显著，但是时间过早，混凝土的强度又太低，为了能观察到混凝土变形的明显变化，同时使强度也达到一定程度，在混凝土浇筑后的第 7 天开始拆模。拆模后，用三角起重架起吊试件以便安装支座和反力计，其余的仪器根据设计方案安装在相应的位置，混凝土表面的仪器用环氧建筑植筋胶固定，钢梁表面的仪器用焊接方式固定，并进行编号，如图 4.7 所示。

图 4.7　拆模板和安装支座、仪器

图 4.8　加载和仪器测试

浇筑后第 7 天开始加载，静力荷载值的控制原则是将混凝土压应力控制在 $0.4f_c$ 左右，考虑自重后均布荷载为 8 kN/m，加载形式采用混凝土块静力堆载形式。为了尽可能做到荷载均匀分布，提前制作尺寸相同的加载块，同时进行称重，并标记重量，荷载放置两层,通过大小搭配的形式消除加载块的重量异同。如图 4.8 所示,为防止加载块本身产生拱效应引起试件局部卸载,各加载块之间留有一定空隙。为了防止组合梁不稳定而倾倒,在混凝土翼缘 4 个角落进行保护,但不相接触,以使混凝土板上的荷载能正常传递到支座。加载前对仪器进行调试,并读取第一次数据作为初始读数,加载后读取的数据为瞬时加载读数。在加载后的前 60 天,每天测量一次数据,后续测量间隔是 3~7 天,包括每个支座的反力和位移、跨中挠度、混凝土上下表面应变、钢梁上下表面应变共 46 个测点。千分表和百分表直接进行人工读数,振弦式应变计采用 BGK-408 便携式读数仪采集。如图 4.9 所示,厂房的四个角落各放置 1 个电子温湿度计,用来记录每天的环境变化。

图 4.9　电子温湿度计

根据《普通混凝土长期性能和耐久性试验方法》(GB/T 50082—2009)[114]进行了混凝土收缩试验。按 100 mm×100 mm×515 mm 尺寸支好 3 个试块的模板,与组合梁试件同时浇筑,并放置在与组合梁相同环境的试验厂房,在收缩试件四周制作支撑架,用来固定测量应变的带标距千分表和测量位移的百分表,从混凝土浇筑后第 3 天开始记录收缩初始值,见图 4.10 所示。

图 4.10　混凝土收缩试件

4.4　材料基本力学性能

4.4.1　混凝土基本力学性能

为了测定第 7 天和第 28 天混凝土的力学性能,根据《普通混凝土力学性能试验方法标准》(GB/T 50081—2002)[115]，浇筑试验梁的同时留制 150 mm×150 mm×300 mm 的混凝土棱柱体标准试块 2 组，每组 6 块，共 12 块，与组合梁试件在同等条件下养护，如图 4.11所示。为防止试块受损，样本多留了几个。养护后委托具有测定资质的建筑材料研究所进行测定，结果作为评定混凝土的基本力学指标，见表 4.2。

图 4.11　混凝土力学性能测定

表 4.2　混凝土基本力学性能

龄期(天)	棱柱体轴心抗压强度 f_c(MPa)	弹性模量 E_c(GPa)	泊松比 μ
7	16.4	24.4	0.22
28	26.0	30.1	0.22

4.4.2　钢材基本力学性能

钢材的基本力学试验委托具有测定资质的工程力学实验室进行测定。试件中的钢梁均采用同一批次的 Q235kz 热轧抗震 H 型钢，但翼缘和腹板在机械性能上仍有差别，腹板的性能优于翼缘。型钢用于受弯构件时，翼缘的应力大于腹板，承载能力主要取决于翼缘的性能。根据《钢及钢产品力学性能试验取样位置及试样制备》(GB/T 2975—1998)[116]和《中华人民共和国国家标准金属拉力试验法》(GB 228—76)[117]的规定，分别从型钢的翼缘和腹板的相应位置取出样条，每个部位各取出 3 个样条。将取出的样条按照《金属拉伸试验试样》(GB 6397—86)[118]的规定加工成试件，按照《金属材料拉伸试验　第 1 部分：室温试验方法》(GB/T 228.1—2010)[119]的测试方法，对试件进行单轴拉伸试验。混凝土板中采用了 3 种钢筋，纵筋采用 HRB400 级，箍筋采用 HPB300 级，不同种类的钢筋各加工 3 根试件，按文献[119]的规定进行拉伸试验，如图 4.12 所示。测定结果作为评定混凝土的基本力学指标，见表 4.3。

图 4.12　钢材力学性能测定

表 4.3　钢材基本力学性能

<table>
<tr><td colspan="2">钢　梁</td><td>屈服强度 f_y
（MPa）</td><td>极限抗拉强度 f_u
（MPa）</td><td>弹性模量 E_c
（GPa）</td><td>泊松比 μ</td></tr>
<tr><td rowspan="2">SCB-1、SCB-2</td><td>腹板</td><td>306.50</td><td>429.29</td><td>206</td><td>0.29</td></tr>
<tr><td>翼缘</td><td>301.54</td><td>422.56</td><td>206</td><td>0.29</td></tr>
<tr><td rowspan="2">SCB-3</td><td>腹板</td><td>310.45</td><td>434.63</td><td>210</td><td>0.30</td></tr>
<tr><td>翼缘</td><td>303.12</td><td>424.38</td><td>210</td><td>0.30</td></tr>
<tr><td rowspan="2">SCB-4</td><td>腹板</td><td>306.50</td><td>429.29</td><td>202</td><td>0.28</td></tr>
<tr><td>翼缘</td><td>300.21</td><td>420.18</td><td>202</td><td>0.28</td></tr>
<tr><td colspan="2">钢　筋</td><td>屈服强度 f_y
（MPa）</td><td>极限抗拉强度 f_u
（MPa）</td><td>弹性模量 E_c
（GPa）</td><td>泊松比 μ</td></tr>
<tr><td>SCB-1、SCB-3
SCB-4 纵筋</td><td>ϕ8</td><td>410.75</td><td>550.88</td><td>200</td><td>0.27</td></tr>
<tr><td>SCB-2 纵筋</td><td>ϕ12</td><td>421.57</td><td>560.69</td><td>200</td><td>0.27</td></tr>
<tr><td>箍筋</td><td>ϕ8</td><td>350.45</td><td>487.80</td><td>208</td><td>0.30</td></tr>
</table>

4.5　试验结果与分析

4.5.1　实测数据的有效性分析

在为期 300 天的试验周期中，受温度、湿度、仪器质量、人为干扰和观察误差等因素的影响，部分实测数据不能真实反映试验梁的力学特征，因此需对收集到的数据进行可用性和有效性分析。

本次试验共测量了 46 个测点，每个测点从 0～300 天变化，只有 SCB-4 试验梁的一个千分表和 SCB-2 试验梁的一个反力计在测量过程时失效，其余的仪器均能正常使用。千分表失效的原因是安装时过松，导致数据测量不准确（见图 4.13（d）的带标距千分表应变值）；反力计失效的原因是在测量到第 158 天时内部零件损坏，无数据显示。

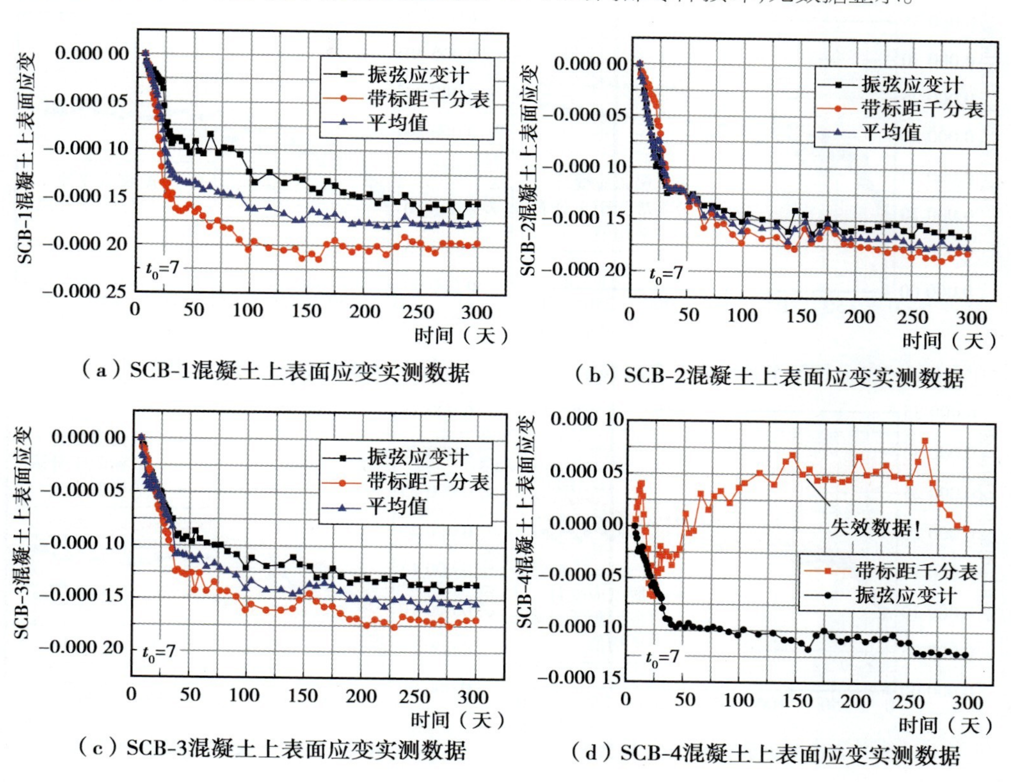

（a）SCB-1混凝土上表面应变实测数据

（b）SCB-2混凝土上表面应变实测数据

（c）SCB-3混凝土上表面应变实测数据

（d）SCB-4混凝土上表面应变实测数据

图 4.13　试验梁的混凝土上表面应变实测数据

在试验梁的支座处安装反力计的目的是检验两端支座的反力是否出现异常。正常情况下,以堆载形式加载的简支梁两端支座反力的变化是很小的,甚至是不变的。若出现显著变化,说明施加的荷载未能正常传到支座。本次试验中的组合梁底部是接触面很小的钢梁,上部混凝土板的尺寸比钢梁尺寸大很多,发生头重脚轻的现象,易出现晃动、失稳等情况。试验中,在混凝土板4个角底下采取了保护措施,该保护试件不能与混凝土板接触,否则荷载将从混凝土板直接传到保护试件上,支座上的反力将出现较大变化,试验梁的测量结果将失效。通过观察每次反力计测量的数据,能及时发现试验梁的异常情况,确保试验能正常进行。本次试验过程中,所有试验梁的支座反力均变化很小,加上去的荷载能顺利传到支座。

试验中观测了每一天的温度和湿度,试验周期环境平均温度为22.7 ℃,平均湿度为67.8%;根据表4.1的设计方案分别测量了SCB-1—SCB-4梁的混凝土上表面应变、钢梁下表面应变和跨中挠度,如图4.13至图4.15所示;测量了3个相同尺寸试件的收缩应变,如图4.16所示。其中,每一个位置的应变值均采用两种方法测量,即振弦应变计和带标距千分表;试验梁的跨中挠度是相对挠度,即通过跨中百分表读数减支座两端百分

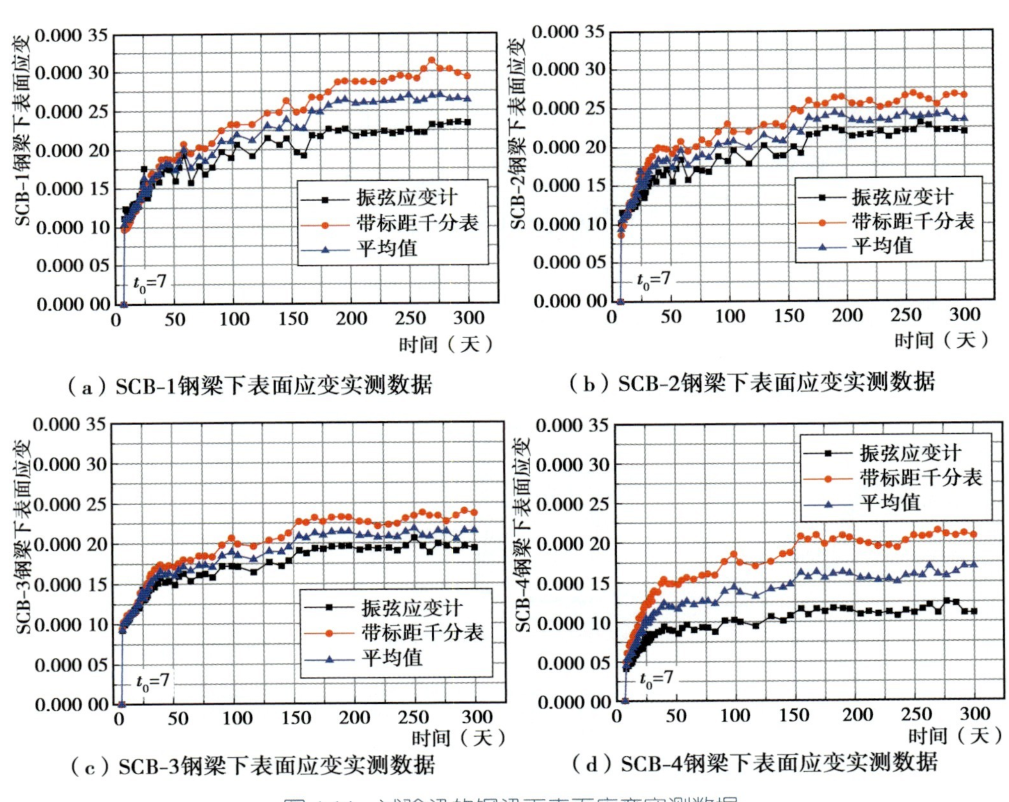

（a）SCB-1钢梁下表面应变实测数据

（b）SCB-2钢梁下表面应变实测数据

（c）SCB-3钢梁下表面应变实测数据

（d）SCB-4钢梁下表面应变实测数据

图4.14　试验梁的钢梁下表面应变实测数据

表读数平均值获得,目的是消除支座位移的变化对绝对挠度的影响;3 个收缩试件的应变采用带标距千分表测量,仪器均显示正常。

从图 4.13 可以看出,除了 SCB-4 梁中带标距千分表的数据失效外,其他试验梁中振弦应变计和带标距千分表两种仪器测量混凝土上表面应变的结果吻合性较好。吻合性最好的是 SCB-2 梁,100 天前的数据基本重合,后续的数据保持相同的趋势;误差相对最大的是 SCB-1 梁,在 28 天以前吻合性较好,28 天后两种仪器测量数据的平均误差为 20%左右,后续的数据也保持相同的趋势。SCB-1—SCB-3 梁的共同特点是两种仪器测量数据曲线的趋势走向吻合性较好,说明两组数据随时间变化的离散性较小,均能代表该位置应变的变化特点,两种仪器的特点在本文 4.2.1 节中已进行过比较。数据的绝对值出现差异也属于必然,为了消除各自的缺点带来的影响,取二者的平均值能较好地反映实际的应变情况。数据显示正常的试验梁,取两者的平均值作为分析该应变的数值,如 SCB-1—SCB-3;SCB-4 中混凝土上表面的带标距千分表测量的数据失效,如图 4.13(d)所示,取振弦应变计的测量值作为分析该应变的数值。

从图 4.14 可以看出,4 根试验梁中采用振弦应变计和带标距千分表两种仪器测量钢

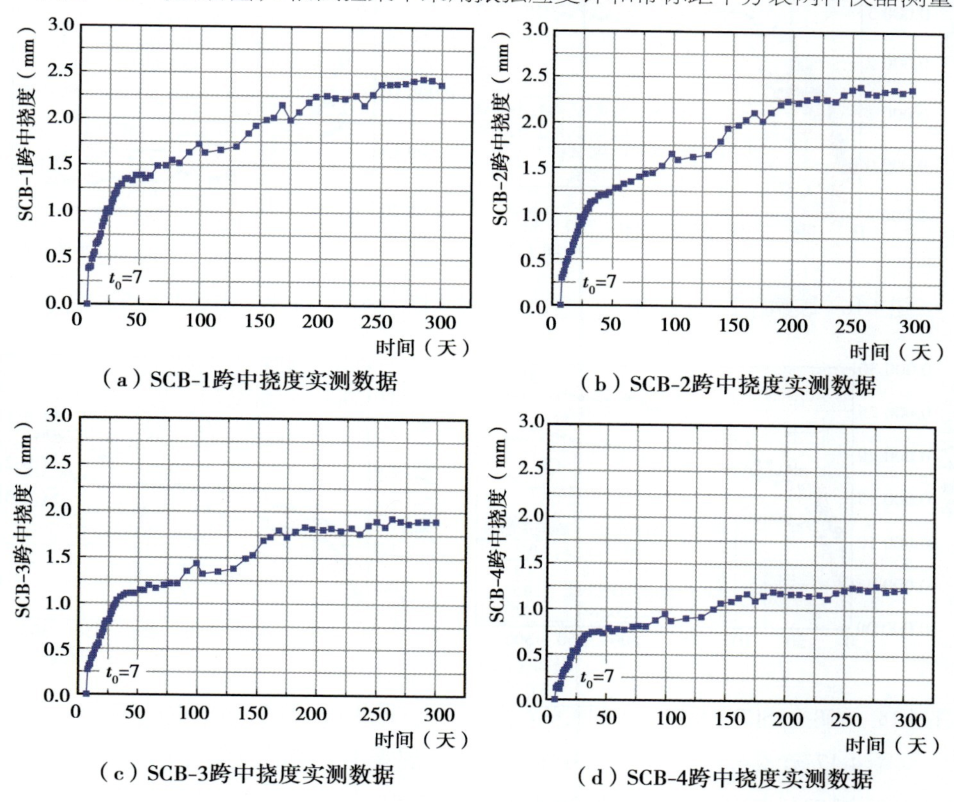

图 4.15 试验梁跨中挠度实测数据

梁下表面应变的结果也有较好的吻合性。吻合性相对较好的是 SCB-2 和 SCB-3，相对误差最大的是 SCB-4，28 天以后两种仪器测量数据的平均误差为 21% 左右；4 根梁中两种仪器曲线随时间变化的趋势走向也保持较好的吻合性，分别取两组数据的平均值作为分析值。

从图 4.15 和图 4.16 可以看出，试验梁的跨中挠度数据和收缩试件的数据均显示正常，可以作为各自的分析值。其中，收缩应变取 3 根试件的平均值作为分析值。

4.5.2 实测数据定性对比分析

4.5.1 节分析的有效实测数据只能说明这些数据可以用，但是否合理，还需进一步定性地对比分析。图 4.17 至图 4.19 分别绘制了 4 根试验梁的混凝土上表面应变、钢梁下表面应变和跨中挠度。

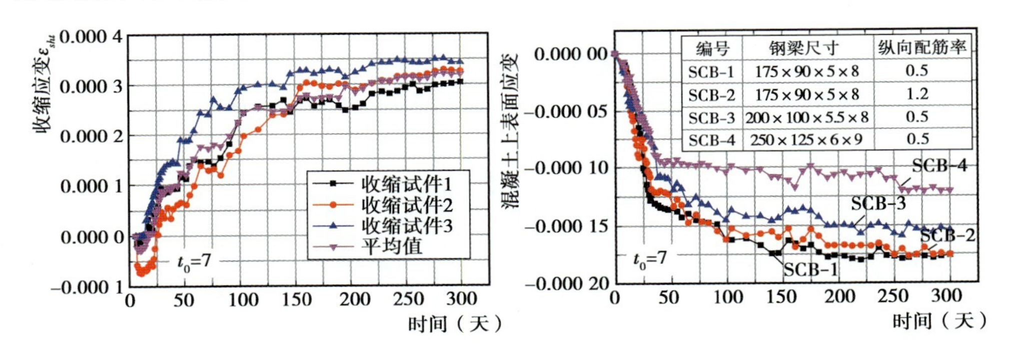

图 4.16　收缩应变实测数据

图 4.17　SCB-1～SCB-4 混凝土上表面应变对比

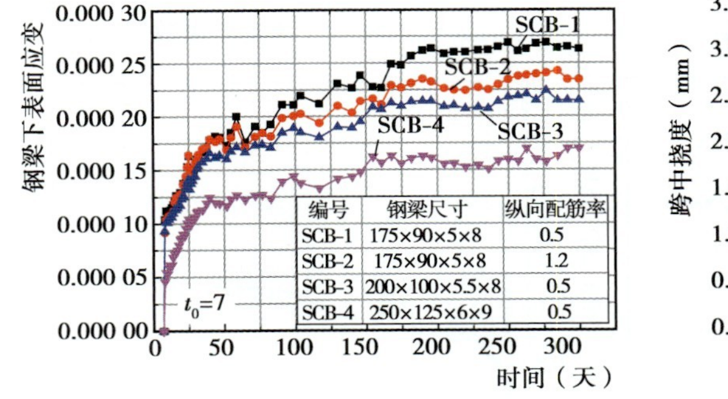

图 4.18　SCB-1～SCB-4 钢梁下表面应变对比

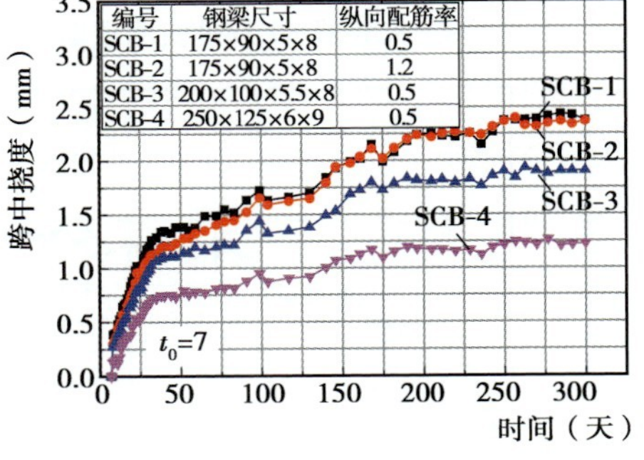

图 4.19　SCB-1～SCB-4 跨中挠度对比

从图 4.17 至图 4.19 可以看出，4 根试验梁的混凝土上表面应变、钢梁下表面应变和跨中挠度均随时间变化而变化，在 28 天前变化速度较快，并呈线性变化，28 天后呈曲线变化，发展速度较缓，到 200 天以后几乎呈水平发展变化。

根据设计方案，SCB-1 和 SCB-2 的钢梁尺寸相同，混凝土板的配筋率不同。从图4.17 至图 4.19 可以看出，SCB-1 梁的应变和挠度均略大于 SCB-2 梁，因混凝土板中的钢筋能变化的范围较小，两者相差并不大，尤其是 SCB-1 和 SCB-2 的跨中挠度几乎是相等的，如图 4.19 所示。也就是说，数据反映了：混凝土板中的纵向配筋率大小对试验梁的长期变形影响较小。SCB-1、SCB-3 和 SCB-4 梁的混凝土板配筋率相同，但钢梁截面面积呈递增变化，应变和挠度均呈递减变化。SCB-1 和 SCB-3 的钢梁尺寸较接近，变化的程度较小，SCB-4 的钢梁尺寸变化幅度最大，应变和挠度的变化幅度也增大。也就是说，数据反映了：钢梁对混凝土板的约束程度对组合梁的长期变形影响较大。

从以上数据表现的特征来看，有效实测数据的变化趋势能较真实地反映组合梁的力学特征，数据的绝对值大小是否合理，需要与解析和数值计算结果进行比较。

4.5.3　解析、数值和试验结果定量对比分析

1）混凝土收缩应变

根据各国规范推荐的混凝土收缩应变 ε_{sht} 计算公式，获得随时间变化的相关曲线，与试验数据进行对比，如图 4.20 所示。

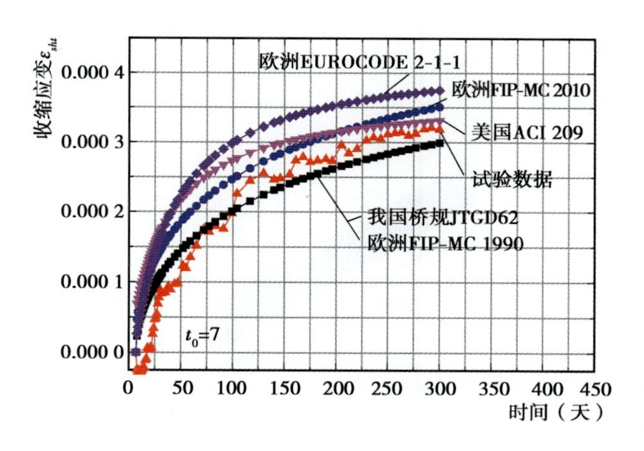

图 4.20　混凝土收缩应变的不同规范计算值与试验值对比

从图 4.20 可以看出，各国规范计算的收缩应变值有所不同。我国桥规 JTGD62 是根据欧洲 FIP-MC 1990 标准编制的，公式中只考虑干燥收缩，两者计算出的收缩应变值相等；欧洲 EUROCODE 2-1-1 和欧洲 FIP-MC 2010 的公式中既考虑了干燥收缩又包含了基础收缩，因此应变值比前两者的数值大；美国 ACI 209 的计算公式表现出与欧洲各规范

略有差别的发展速率,当时间足够长时表现出一致的趋势。试验有效实测数据与我国桥规 JTGD62 的计算值吻合较好,在后续的理论对比分析中,采用该规范推荐的公式进行计算。

2)混凝土上表面应变

混凝土上表面应变的解析计算公式采用式(3.15)至式(3.18),式中的距离根据不同的截面分别计算;ANSYS 模拟采用 3.2 节的分析方法进行建模和加载,如图 4.21 和图 4.22所示;试验有效实测数据和解析、数值分析数据分别列于表 4.4 中。

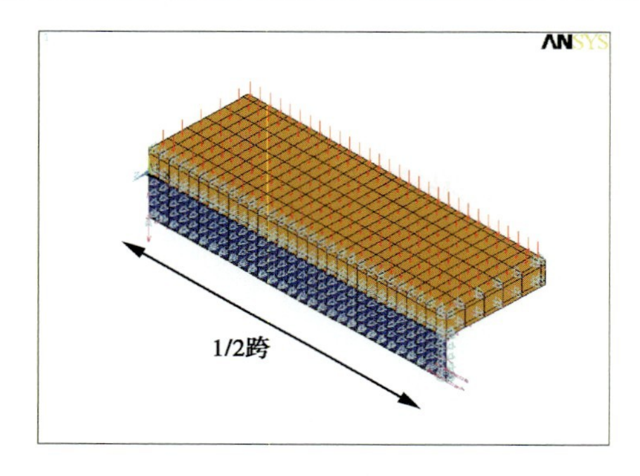

图 4.21　试件 1/4 模型的加载和约束

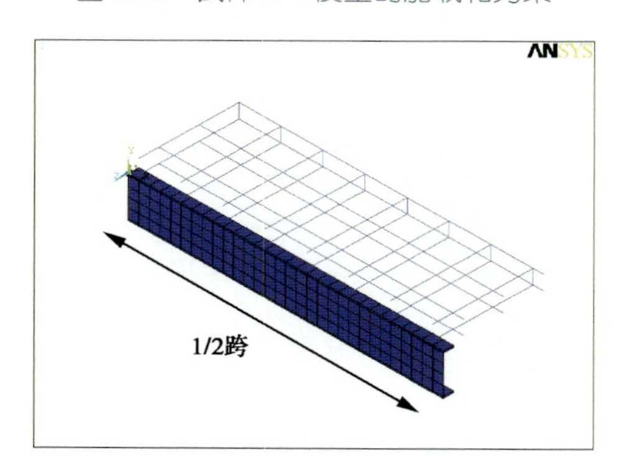

图 4.22　模型中的钢筋和钢梁单元

表 4.4　试件的混凝土上表面应变值

时间（天）	徐变系数 φ_t	内力分配法（$\times 10^{-5}$）				直接法（$\times 10^{-5}$）				ANSYS 数据（$\times 10^{-5}$）				试验数据（$\times 10^{-5}$）			
		SCB-1	SCB-2	SCB-3	SCB-4	SCB-1	SCB-2	SCB-3	SCB-4	SCB-1	SCB-2	SCB-3	SCB-4	SCB-1	SCB-2	SCB-3	SCB-4
7	0.000	-4.68	-4.59	-3.80	-2.54	-4.68	-4.59	-3.80	-2.54	-6.80	-4.09	-3.20	-2.41	-3.56	-2.88	-2.25	-2.16
8	0.499	-10.61	-10.24	-7.79	-4.29	-10.95	-10.92	-8.03	-4.56	-9.65	-9.14	-6.94	-3.59	-3.57	-2.89	-2.28	-2.20
9	0.614	-10.81	-10.44	-7.94	-4.39	-11.13	-11.12	-8.17	-4.66	-9.83	-9.32	-7.07	-3.67	-3.57	-2.90	-2.29	-2.30
10	0.693	-10.95	-10.58	-8.04	-4.46	-11.26	-11.26	-8.27	-4.74	-9.95	-9.44	-7.16	-3.73	-3.58	-2.91	-2.30	-2.46
11	0.755	-11.06	-10.69	-8.13	-4.52	-11.37	-11.37	-8.35	-4.80	-10.05	-9.54	-7.24	-3.78	-3.58	-2.93	-3.54	-2.48
12	0.806	-11.15	-10.78	-8.20	-4.58	-11.45	-11.46	-8.42	-4.86	-10.14	-9.63	-7.30	-3.82	-3.59	-3.44	-4.16	-2.50
13	0.851	-11.23	-10.87	-8.26	-4.62	-11.53	-11.54	-8.48	-4.91	-10.21	-9.70	-7.36	-3.86	-3.59	-4.26	-4.57	-2.54
14	0.891	-11.31	-10.94	-8.32	-4.67	-11.60	-11.62	-8.54	-4.95	-10.28	-9.77	-7.41	-3.90	-3.60	-5.02	-4.18	-2.61
15	0.926	-11.38	-11.01	-8.38	-4.71	-11.67	-11.69	-8.59	-5.00	-10.34	-9.83	-7.46	-3.93	-3.62	-5.43	-4.41	-2.96
16	0.959	-11.44	-11.08	-8.43	-4.74	-11.73	-11.75	-8.64	-5.04	-10.40	-9.89	-7.51	-3.96	-3.63	-5.88	-4.84	-3.20
17	0.989	-11.50	-11.14	-8.47	-4.78	-11.78	-11.81	-8.69	-5.07	-10.45	-9.95	-7.55	-3.99	-3.99	-6.78	-3.51	-3.44
18	1.017	-11.55	-11.20	-8.52	-4.81	-11.84	-11.87	-8.73	-5.11	-10.50	-10.00	-7.59	-4.02	-4.41	-7.49	-3.76	-3.81
19	1.043	-11.60	-11.25	-8.56	-4.84	-11.89	-11.92	-8.77	-5.14	-10.55	-10.04	-7.62	-4.05	-5.46	-8.04	-3.96	-4.27
20	1.068	-11.65	-11.30	-8.60	-4.87	-11.93	-11.97	-8.81	-5.17	-10.59	-10.09	-7.66	-4.07	-5.67	-8.85	-4.52	-4.61
21	1.091	-11.70	-11.35	-8.64	-4.90	-11.98	-12.02	-8.85	-5.20	-10.64	-10.13	-7.69	-4.10	-6.46	-9.16	-4.65	-4.84
22	1.113	-11.75	-11.39	-8.67	-4.93	-12.02	-12.06	-8.89	-5.23	-10.68	-10.17	-7.73	-4.12	-7.00	-8.11	-5.32	-5.74
23	1.134	-11.79	-11.44	-8.71	-4.96	-12.06	-12.10	-8.92	-5.26	-10.72	-10.21	-7.76	-4.14	-8.12	-7.50	-5.51	-5.58
24	1.154	-11.83	-11.48	-8.74	-4.98	-12.10	-12.15	-8.95	-5.29	-10.76	-10.25	-7.79	-4.16	-9.04	-7.60	-5.32	-5.45
25	1.173	-11.87	-11.52	-8.78	-5.01	-12.14	-12.19	-8.99	-5.31	-10.79	-10.29	-7.82	-4.18	-10.04	-7.50	-5.47	-5.59
26	1.192	-11.91	-11.56	-8.81	-5.03	-12.18	-12.23	-9.02	-5.34	-10.83	-10.32	-7.84	-4.20	-10.23	-8.37	-5.86	-6.02
27	1.209	-11.95	-11.60	-8.84	-5.05	-12.21	-12.27	-9.05	-5.36	-10.86	-10.36	-7.87	-4.22	-10.54	-9.40	-6.40	-6.30
28	1.226	-11.98	-11.64	-8.87	-5.07	-12.25	-12.30	-9.08	-5.38	-10.89	-10.39	-7.90	-4.24	-11.45	-9.63	-6.59	-6.53

续表

时间（天）	徐变系数 φ_t	内力分配法（$\times10^{-5}$）				直接法（$\times10^{-5}$）				ANSYS 数据（$\times10^{-5}$）				试验数据（$\times10^{-5}$）			
		SCB-1	SCB-2	SCB-3	SCB-4	SCB-1	SCB-2	SCB-3	SCB-4	SCB-1	SCB-2	SCB-3	SCB-4	SCB-1	SCB-2	SCB-3	SCB-4
29	1.243	-12.02	-11.68	-8.90	-5.10	-12.28	-12.34	-9.11	-5.41	-10.93	-10.42	-7.92	-4.26	-11.86	-10.32	-7.03	-6.58
30	1.258	-12.05	-11.71	-8.92	-5.12	-12.32	-12.37	-9.13	-5.43	-10.96	-10.46	-7.95	-4.28	-12.29	-10.49	-7.13	-6.74
31	1.274	-12.09	-11.74	-8.95	-5.14	-12.35	-12.41	-9.16	-5.45	-10.99	-10.49	-7.97	-4.29	-12.81	-10.83	-7.28	-6.95
32	1.289	-12.12	-11.78	-8.98	-5.16	-12.38	-12.44	-9.19	-5.47	-11.02	-10.52	-8.00	-4.31	-12.34	-11.86	-7.74	-7.91
35	1.330	-12.21	-11.87	-9.05	-5.22	-12.47	-12.53	-9.26	-5.53	-11.10	-10.60	-8.06	-4.36	-13.07	-12.12	-8.25	-8.90
38	1.369	-12.30	-11.96	-9.12	-5.27	-12.55	-12.62	-9.33	-5.59	-11.18	-10.68	-8.13	-4.40	-13.21	-12.15	-10.88	-9.00
40	1.393	-12.35	-12.02	-9.17	-5.30	-12.60	-12.68	-9.38	-5.62	-11.23	-10.73	-8.17	-4.43	-13.41	-12.01	-10.76	-9.47
44	1.438	-12.45	-12.12	-9.25	-5.37	-12.70	-12.78	-9.46	-5.69	-11.32	-10.82	-8.24	-4.49	-13.49	-12.14	-10.88	-9.70
47	1.469	-12.52	-12.20	-9.31	-5.41	-12.77	-12.86	-9.52	-5.74	-11.39	-10.89	-8.29	-4.52	-13.58	-12.26	-10.98	-9.40
52	1.517	-12.64	-12.31	-9.40	-5.48	-12.88	-12.97	-9.61	-5.81	-11.49	-10.99	-8.38	-4.58	-13.44	-13.31	-11.12	-9.73
55	1.543	-12.70	-12.38	-9.46	-5.52	-12.95	-13.04	-9.67	-5.86	-11.55	-11.05	-8.42	-4.62	-13.73	-12.73	-11.44	-9.32
59	1.577	-12.78	-12.46	-9.52	-5.57	-13.02	-13.12	-9.73	-5.91	-11.62	-11.13	-8.48	-4.66	-14.24	-13.21	-11.00	-9.66
65	1.623	-12.89	-12.58	-9.62	-5.64	-13.13	-13.24	-9.83	-5.98	-11.72	-11.23	-8.57	-4.72	-13.93	-14.71	-12.04	-9.77
72	1.672	-13.01	-12.70	-9.72	-5.72	-13.25	-13.36	-9.93	-6.06	-11.83	-11.34	-8.65	-4.78	-14.48	-14.03	-11.72	-9.85
77	1.704	-13.09	-12.79	-9.78	-5.77	-13.33	-13.44	-10.00	-6.12	-11.90	-11.42	-8.71	-4.82	-14.62	-14.64	-12.12	-9.65
83	1.740	-13.19	-12.88	-9.86	-5.83	-13.42	-13.54	-10.07	-6.18	-11.99	-11.50	-8.78	-4.87	-14.71	-14.74	-12.45	-9.83
91	1.785	-13.30	-13.00	-9.95	-5.90	-13.53	-13.66	-10.17	-6.25	-12.09	-11.61	-8.86	-4.93	-14.85	-15.47	-12.84	-10.12
99	1.825	-13.40	-13.11	-10.04	-5.96	-13.64	-13.77	-10.26	-6.32	-12.19	-11.70	-8.94	-4.99	-16.20	-16.20	-14.09	-10.42
104	1.849	-13.47	-13.17	-10.09	-6.00	-13.70	-13.83	-10.31	-6.36	-12.24	-11.76	-8.99	-5.02	-16.24	-15.24	-13.35	-9.88
117	1.906	-13.62	-13.33	-10.21	-6.10	-13.85	-13.99	-10.43	-6.46	-12.38	-11.90	-9.10	-5.10	-16.11	-15.86	-14.20	-10.31
130	1.956	-13.75	-13.47	-10.33	-6.18	-13.98	-14.13	-10.55	-6.55	-12.50	-12.03	-9.20	-5.17	-16.71	-15.71	-14.18	-10.19
140	1.991	-13.85	-13.57	-10.41	-6.24	-14.08	-14.23	-10.63	-6.61	-12.59	-12.11	-9.27	-5.22	-17.43	-17.13	-14.59	-10.84

146	2.011	−13.90	−13.62	−10.45	−6.28	−14.13	−14.28	−10.67	−6.65	−12.64	−12.16	−9.31	−5.24	−17.40	−15.93	−14.35	−10.85
155	2.040	−13.98	−13.71	−10.52	−6.32	−14.21	−14.36	−10.74	−6.70	−12.71	−12.24	−9.37	−5.29	−16.31	−15.26	−13.67	−11.14
161	2.057	−14.03	−13.76	−10.56	−6.35	−14.26	−14.42	−10.78	−6.73	−12.75	−12.28	−9.40	−5.31	−16.58	−16.89	−13.81	−11.74
175	2.096	−14.14	−13.87	−10.65	−6.42	−14.37	−14.53	−10.87	−6.80	−12.85	−12.38	−9.48	−5.37	−16.71	−15.34	−13.74	−9.92
182	2.115	−14.19	−13.92	−10.69	−6.45	−14.42	−14.58	−10.92	−6.84	−12.90	−12.43	−9.52	−5.39	−17.34	−15.93	−14.26	−10.44
196	2.149	−14.29	−14.02	−10.77	−6.51	−14.51	−14.68	−11.00	−6.90	−12.99	−12.52	−9.59	−5.44	−17.61	−16.76	−15.01	−10.67
205	2.169	−14.34	−14.08	−10.82	−6.55	−14.57	−14.74	−11.05	−6.94	−13.04	−12.57	−9.64	−5.47	−17.68	−16.72	−14.98	−10.45
212	2.185	−14.39	−14.13	−10.85	−6.58	−14.62	−14.79	−11.08	−6.97	−13.08	−12.61	−9.67	−5.50	−17.90	−16.82	−15.06	−10.95
220	2.201	−14.44	−14.18	−10.89	−6.61	−14.66	−14.84	−11.12	−7.00	−13.12	−12.66	−9.70	−5.52	−18.02	−16.77	−15.72	−10.68
229	2.219	−14.49	−14.23	−10.94	−6.64	−14.72	−14.89	−11.17	−7.03	−13.17	−12.71	−9.74	−5.55	−17.80	−16.81	−15.06	−10.64
236	2.233	−14.53	−14.27	−10.97	−6.66	−14.75	−14.93	−11.20	−7.06	−13.21	−12.74	−9.77	−5.57	−16.95	−16.59	−14.86	−10.31
243	2.246	−14.56	−14.31	−11.00	−6.69	−14.79	−14.97	−11.23	−7.08	−13.24	−12.78	−9.80	−5.59	−17.64	−16.96	−15.19	−11.05
250	2.258	−14.60	−14.35	−11.03	−6.71	−14.83	−15.01	−11.26	−7.10	−13.27	−12.81	−9.82	−5.61	−17.71	−17.57	−15.74	−10.99
257	2.270	−14.64	−14.38	−11.06	−6.73	−14.86	−15.05	−11.29	−7.13	−13.31	−12.84	−9.85	−5.62	−17.91	−17.07	−15.94	−11.99
270	2.291	−14.70	−14.45	−11.11	−6.77	−14.93	−15.11	−11.35	−7.17	−13.36	−12.90	−9.90	−5.66	−17.61	−17.57	−15.34	−11.89
292	2.325	−14.80	−14.55	−11.19	−6.83	−15.03	−15.22	−11.43	−7.23	−13.45	−12.99	−9.97	−5.71	−17.71	−17.47	−15.24	−12.09
300	2.336	−14.83	−14.59	−11.22	−6.85	−15.06	−15.25	−11.46	−7.25	−13.48	−13.02	−9.99	−5.72	−17.61	−17.57	−15.44	−12.09

注:负号代表受压。

本试验未针对徐变系数进行专项试验,因为该试验需要非常严格的环境条件,在搭建的试验厂房中难以保证实测结果的可靠性,分析中的徐变系数采用我国桥规 JTGD62 的计算公式,分别从解析计算和 ANSYS 获得,结果见表 4.4。对该表的数据进行分析,得到徐变系数和混凝土上表面应变随时间变化的规律曲线,如图 4.23 和图 4.24 所示。

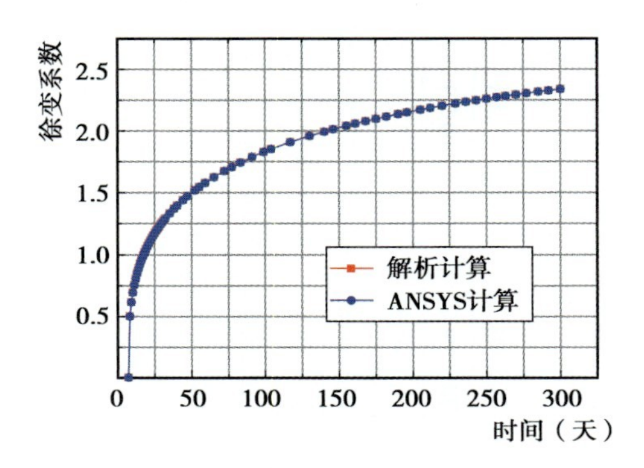

图 4.23　徐变系数随时间变化的规律

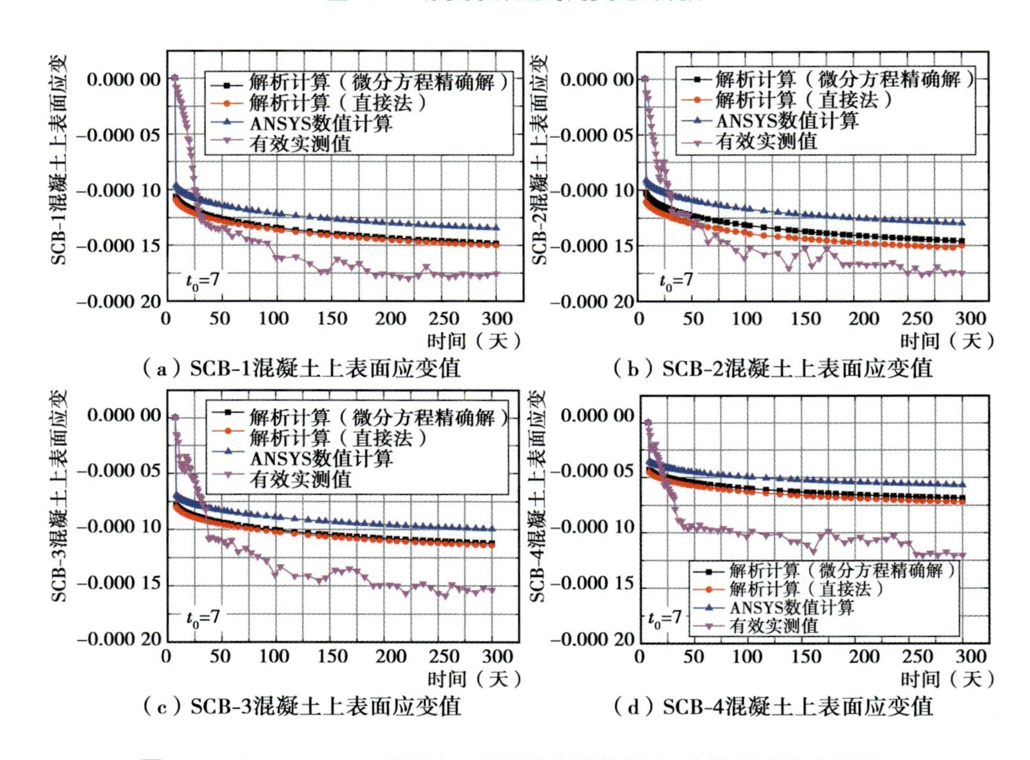

图 4.24　SCB-1~SCB-4 混凝土上表面应变值的解析、数值和试验结果对比

从图 4.23 可以看出，徐变系数采用解析计算和 ANSYS 计算值相等，两条曲线完全吻合；随时间发展，徐变系数呈增长趋势，前 28 天发展较快，随后的变化速率越来越小。

从图 4.24 可以看出：

①SCB-1—SCB-4 混凝土上表面应变的两种解析计算结果吻合性非常好，曲线基本重合；ANSYS 计算值比解析计算值小，最大偏离比是 SCB-2 的 17.1% $\left(\text{即}\dfrac{15.25-13.02}{13.02}\times 100\%\right)$，见表 4.4 的阴影部分数据；实测的数据均比解析计算值大，平均偏离 30%左右，最大偏离比为 73%。因应变测的是一个点，该点的实测值容易受到试验过程的环境因素、人为因素等影响，与解析计算出现应变值会出现一定的偏差。同时，应变的实测值是仪器读数的换算值，即正弦应变计通过频率换算，千分表通过位移读数换算，换算过程也存在计算误差。

②解析和数值曲线光滑平顺，实测曲线有小幅度的波动变化。究其原因是，解析和数值分析建立在连续光滑变化的徐变系数基础上（见图 4.23），计算该系数中使用的环境参数为年平均温度和湿度，是一确定值。而试验中每一天的环境参数都在变化，尤其是温度，在 300 天的研究期内历经四个季节的变化，试验厂房虽尽可能做到稳定的温湿度，但无法完全保证相同，而徐变和收缩受温度的影响较大，因此会出现波动，但从曲线上看波动的幅度较小。

③从长时间上看，实测曲线与解析、数值分析曲线均保持较一致的发展趋势。前 28 天的发展趋势差异较大，越往后的变化速率越吻合。混凝土上表面应变均随时间增长而增大，第 300 天的应变值与加载初期相比，平均值为 4 倍左右，最大的可达 7 倍多。

从总体来看，解析计算、数值模拟和实测数据在反映混凝土上表面应变方面有较吻合的发展趋势，实测数据在一定程度上与解析计算值有偏差，偏差的程度在可接受范围内。

与混凝土上表面应变的求解方法相同，作出钢梁下表面应变值以及跨中挠度的对比曲线，如图 4.25 和图 4.26 所示。

从图 4.25 可以看出，解析计算、数值模拟和实测数据在反映钢梁下表面应变方面与混凝土上表面情况类似，所不同的是后者的实测数据与解析计算的吻合性更好，偏离程度更小。究其原因是钢材比混凝土材料更稳定，受环境的影响更小，数据能更接近其力学性能。

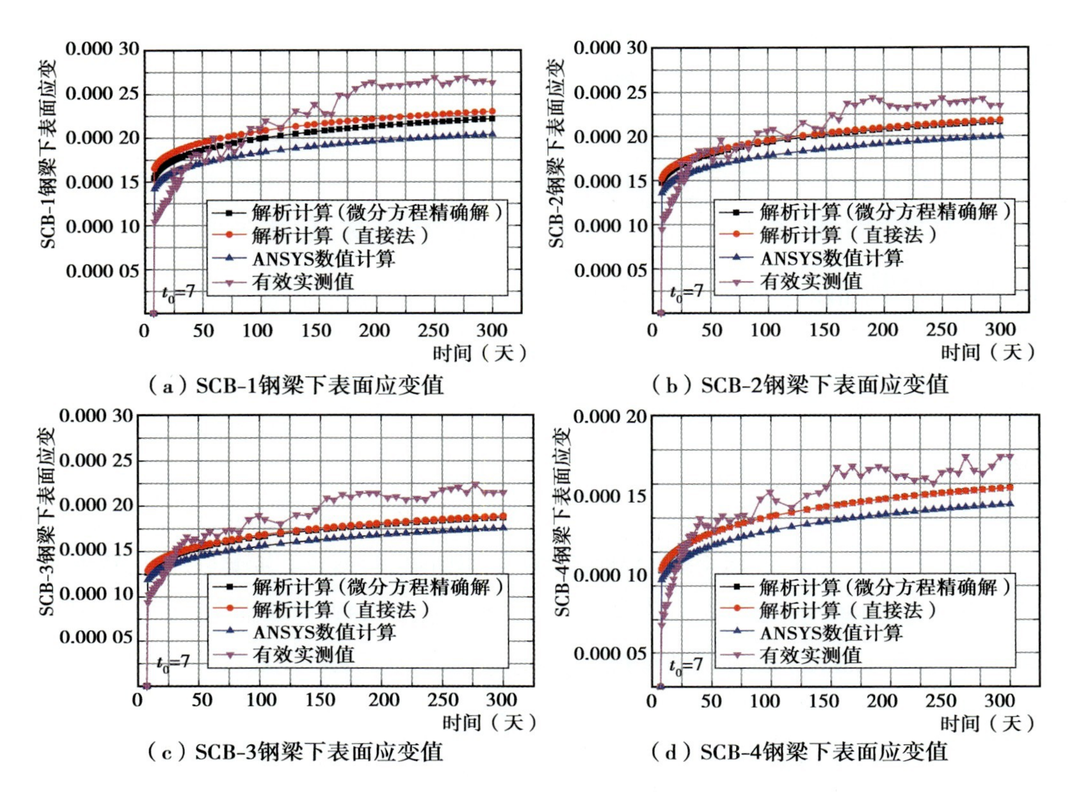

图 4.25　SCB-1～SCB-4 钢梁下表面应变值的解析、数值和试验结果对比

从图 4.26 可以看出:解析计算、数值模拟和试验结果在计算跨中挠度方面的吻合性比应变的吻合性更好,尤其是 SCB-4,所有曲线基本重合,该试件的含钢量最高,稳定性最好,挠度测量值的波动性也最小。前 150 天,4 根试件的曲线基本吻合;150 天后,SCB-1和 SCB-2 的实测值比解析值稍大,但随着时间增长,发展速率越来越小,曲线趋于水平。跨中挠度均随时间增长而增大,第 300 天的挠度值是初始挠度的 3～4 倍。

从以上分析可以看出,解析计算、数值模拟和试验结果在体现组合梁截面应变和变形的规律方面有较高的吻合性,解析计算的两种方法和数值分析方法均能准确地表达组合梁长期力学性能。

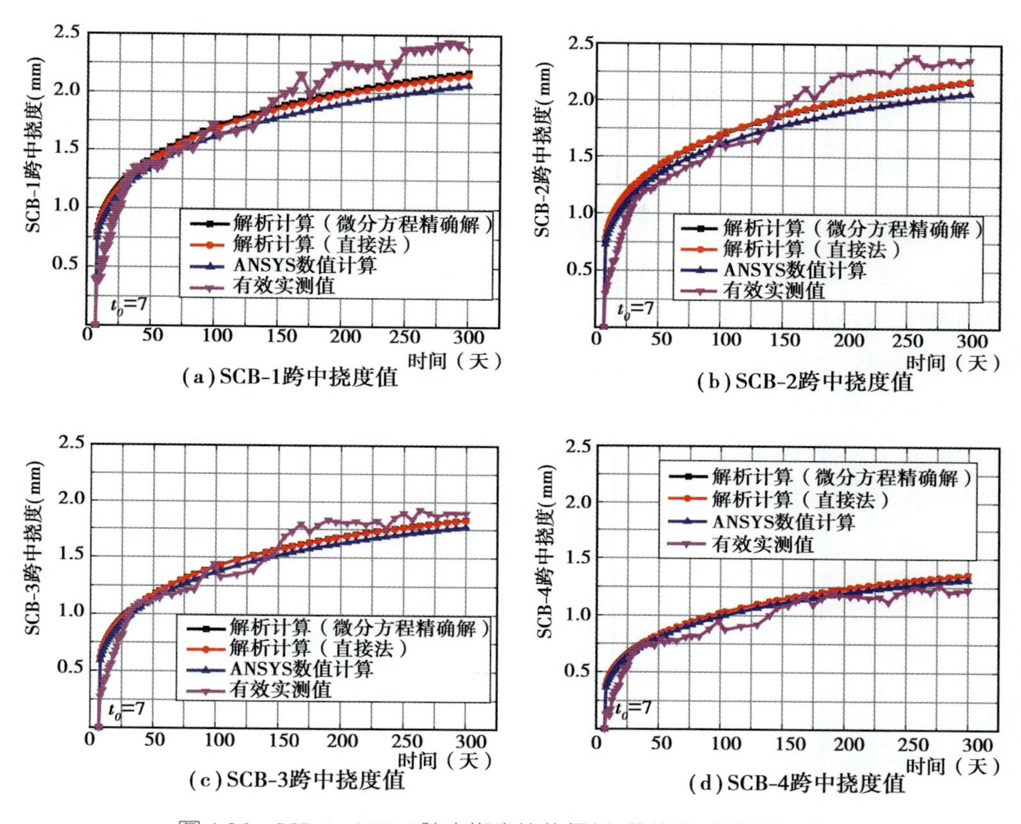

图 4.26　SCB-1～SCB-4 跨中挠度值的解析、数值和试验结果对比

4.6　本章小结

4.6.1　主要完成内容

①根据组合梁中钢梁对混凝土约束程度的不同，设计了 4 根简支组合梁；对试验梁进行了为期 300 天的长期力学观测，获得了组合梁混凝土上表面应、钢梁下表面应变和跨中挠度值。

②对实测数据的有效性进行分析，获得能反映组合梁力学性能的有效数据，并对数据进行定性对比分析，得到 4 根试验梁随参数变化的力学规律。

③根据前面章节推导的解析计算方法和数值分析方法，对试验梁进行计算，并在混

凝土上表面应变、钢梁下表面应变和跨中挠度值3方面与实测数据对比,验证了解析方法的正确性,揭示了组合梁长期力学变化规律。

4.6.2 结论和规律

①解析计算、数值模拟和实测数据在跨中挠度计算结果中具有非常高的吻合性,在混凝土应变方面有一定的偏差,偏差程度在可接受范围内。3种方法获得的应变或变形值均有较一致的发展速率,总体趋势吻合较好,说明前面章节推导的解析计算方法和数值模拟方法均能较准确地表达组合梁长期力学性能。

②试验分析发现,板内配筋率大小对组合梁的变形影响较小,钢梁的截面高度对其影响较大;组合梁的应变和变形均随时间增长而增大,到300天时试验梁的应变或变形均比加载初期提高了3倍左右。组合梁的徐变和收缩效应应该引起足够的重视。

附录　组合梁徐变收缩重分布内力的微分方程组求解过程

2.2.1 节中的式(2.17)方程组求解过程：

$$\left.\begin{aligned}\frac{A_{t0}}{A_s}\cdot\frac{\mathrm{d}M_{cr}}{\mathrm{d}\varphi_t}+M_{cr}+\frac{A_{t0}(I_s+S_{t0}R)}{A_sI_s}\cdot\frac{\mathrm{d}M_{sr}}{\mathrm{d}\varphi_t}+M_{sr}=-(N_{sh}+N_{c0})\cdot R\\ \frac{\mathrm{d}M_{cr}}{\mathrm{d}\varphi_t}+M_{cr}-\frac{I_{cr}}{I_s}\cdot\frac{\mathrm{d}M_{sr}}{\mathrm{d}\varphi_t}+0=-M_{c0}\end{aligned}\right\}\tag{2.17}$$

将系数规整后得：

$$\boxed{\begin{aligned}a_{11}\frac{\mathrm{d}M_{cr}}{\mathrm{d}\varphi_t}+a_{12}M_{cr}+a_{13}\frac{\mathrm{d}M_{sr}}{\mathrm{d}\varphi_t}+a_{14}M_{sr}=b_1\\ a_{21}\frac{\mathrm{d}M_{cr}}{\mathrm{d}\varphi_t}+a_{22}M_{cr}+a_{23}\frac{\mathrm{d}M_{sr}}{\mathrm{d}\varphi_t}+a_{24}M_{sr}=b_2\end{aligned}}\tag{A1}$$

式中 $a_{11}=\frac{A_{t0}}{A_s}$，$a_{12}=1$，$a_{13}=\frac{A_{t0}(I_s+S_{t0}\cdot R)}{A_sI_s}$，$a_{12}=1$，$b_1=-(N_{sh}+N_{c0})R$，$a_{21}=1$，$a_{22}=1$，$a_{23}=-\frac{I_{c0}}{I_s}$，$a_{24}=0$，$b_2=-M_{c0}$。

假设微分方程中的未知函数分别为：

$$\boxed{\begin{aligned}M_{cr}=A\mathrm{e}^{r\varphi_t}\\ M_{sr}=B\mathrm{e}^{r\varphi_t}\end{aligned}}\tag{A2}$$

(1)齐次的通解

将假设函数求导后代入式(A1)：

$$\boxed{\begin{aligned}(ra_{11}+a_{12})A+(ra_{13}+a_{14})B=0\\ (ra_{21}+a_{22})A+(ra_{23}+a_{24})B=0\end{aligned}}\tag{A3}$$

因 A 和 B 不能为零，只能是其系数行列式为 0，则

$$\begin{vmatrix} (ra_{11}+a_{12}) & (ra_{13}+a_{14}) \\ (ra_{21}+a_{22}) & (ra_{23}+a_{24}) \end{vmatrix} = 0 \tag{A4}$$

展开行列式后得其特征方程为：

$$\boxed{\begin{aligned} &(ra_{11}+a_{12})(ra_{23}+a_{24})-(ra_{13}+a_{14})(ra_{21}+a_{22})=0 \\ &ar^2+br+c=0 \\ &a=1 \\ &b=\frac{a_{11}a_{24}+a_{12}a_{23}-a_{13}a_{22}-a_{14}a_{21}}{a_{11}a_{23}-a_{13}a_{21}}, c=\frac{a_{12}a_{24}-a_{14}a_{22}}{a_{11}a_{23}-a_{13}a_{21}} \end{aligned}} \tag{A5}$$

其特征值为：

$$\boxed{r_{1,2}=\frac{1}{2}\left(-b\pm\sqrt{b^2-4c}\right)} \tag{A6}$$

将两个特征值代入假设函数，得齐次的通解为：

$$\boxed{\begin{aligned} M_{cr}&=A_1 e^{r_1\varphi_t}+A_2 e^{r_2\varphi_t} \\ M_{sr}&=B_1 e^{r_1\varphi_t}+B_2 e^{r_2\varphi_t} \end{aligned}} \tag{A7}$$

式中 A_1, A_2, B_1, B_2 为任意常数，这 4 个任意常数不是相互完全独立的。由式(A3)的第二式可得：

$$B=-\frac{ra_{21}+a_{22}}{ra_{23}+a_{24}}A=CA \tag{A8}$$

常数 B 等于 A 与常数 C 的乘积，则式(A7)可改写为：

$$\boxed{\begin{aligned} M_{cr}&=A_1 e^{r_1\varphi_t}+A_2 e^{r_2\varphi_t} \\ M_{sr}&=C_1A_1 e^{r_1\varphi_t}+C_2A_2 e^{r_2\varphi_t} \end{aligned}}$$

参照式(A8)得：

$$C_1=-\frac{r_1a_{21}+a_{22}}{r_1a_{23}+a_{24}}, C_2=-\frac{r_2a_{21}+a_{22}}{r_2a_{23}+a_{24}}$$

(2)非齐次的一个特解

式(2.17)的等式右端均为常数，故可假设非齐次的特解也分别为常数 D 和 F，其导数为零：

$$M_{cr}^{*}=D,\quad \frac{dM_{cr}^{*}}{d\varphi_t}=0$$
$$M_{sr}^{*}=F,\quad \frac{dM_{sr}^{*}}{d\varphi_t}=0 \tag{A9}$$

将特解及其导数代入式(A1)得：

$$a_{12}D+a_{14}F=b_1$$
$$a_{22}D+a_{24}F=b_2 \tag{A10}$$

解式(A10)得到两个特解：

$$D=\frac{b_1a_{24}-b_2a_{14}}{a_{12}a_{24}-a_{14}a_{22}},\quad F=\frac{b_2a_{12}-b_1a_{22}}{a_{12}a_{24}-a_{14}a_{22}} \tag{A11}$$

齐次的通解加上非齐次的一个特解：

$$M_{cr}=A_1e^{r_1\varphi_t}+A_2e^{r_2\varphi_t}+D$$
$$M_{sr}=C_1A_1e^{r_1\varphi_t}+C_2A_2e^{r_2\varphi_t}+F \tag{A12}$$

式中仅有两个任意常数 A_1,A_2 有待求解，在求解之前先将 r_1,r_2,C_1,C_2,D 和 F 中的系数代入实际参数得：

$$r_{1,2}=\frac{1}{2}\left(-(1+\alpha_s+\alpha_c)\pm\sqrt{(1+\alpha_s+\alpha_c)^2-4\alpha_s}\right),\beta_{cs}=\frac{I_{c0}}{I_s}$$
$$\alpha_s=\frac{A_sI_s}{A_{t0}I_{t0}},\alpha_c=\frac{A_cI_c}{A_{t0}I_{t0}},r_1\cdot r_2=\alpha_s,r_1+r_2=1+\alpha_s+\alpha_c$$
$$C_1=-\frac{I_s}{I_{c0}}\left(\frac{r_1+1}{r_1}\right),C_2=-\frac{I_s}{I_{c0}}\left(\frac{r_2+1}{r_2}\right),C_1-C_2=-\frac{I_s}{I_{c0}}\left(\frac{r_2+r_1}{\alpha_s}\right)$$
$$D=M_{c0},F=(N_{sh}+N_{c0})R+M_{c0} \tag{A13}$$

初始条件 $\varphi_t=0,M_{cr}=M_{sr}=0$。

$$0=A_1+A_2+D$$
$$0=C_1A_1+C_2A_2+F \tag{A14}$$

由此可解得任意常数 A_1 和 A_2：

$$A_1=-\frac{\rho\alpha_s}{r_1-r_2}\left[M_{c0}\frac{r_1(1+\rho)+1}{\rho r_2}-(N_{sh}+N_{c0})R\right]$$
$$A_2=+\frac{\rho\alpha_s}{r_1-r_2}\left[M_{c0}\frac{r_1(1+\rho)+1}{\rho r_1}-(N_{sh}+N_{c0})R\right],\rho=\frac{I_{c0}}{I_s} \tag{A15}$$

将所有参数代入式(A14)：

$$
\left.\begin{aligned}
N_{cr} &= \frac{M_0}{R}\left\{\begin{aligned}&1-\frac{I_{c0}-I_s}{I_{t0}}+\frac{1}{r_1-r_2}\left[(r_2+\alpha_s)\left(1+\frac{A_{t0}}{A_s}r_1\right)-\frac{I_{c0}}{I_{t0}}\left(r_1+\frac{A_s}{A_{t0}}\right)\right]e^{r_1\varphi_t}-\\&\left[(r_1+\alpha_s)\left(1+\frac{A_{t0}}{A_s}r_2\right)+\frac{I_{c0}}{I_{t0}}\left(r_2+\frac{A_s}{A_{t0}}\right)\right]e^{r_2\varphi_t}\end{aligned}\right\}-\\
&\quad R\left(\frac{A_{c0}}{A_{t0}}N_0+N_{sh}\right)\left\{1+\frac{1}{r_1-r_2}[(r_2-r_1)(1+\beta_{cs})\alpha_s](e^{r_1\varphi_t}-e^{r_2\varphi_t})\right\}\\
M_{cr} &= M_0\left\{\left(1-\frac{I_s}{I_{t0}}\right)+\frac{1}{r_1-r_2}\left[(r_2+\alpha_s)\left(1+\frac{A_{t0}}{A_s}r_1\right)e^{r_1\varphi_t}-(r_1+\alpha_s)\left(1+\frac{A_{t0}}{A_s}r_2\right)e^{r_2\varphi_t}\right]\right\}-\\
&\quad R\left(\frac{A_{t0}}{A_s}N_0+N_{sh}\right)\left\{1+\frac{1}{r_1-r_2}[(r_2+\alpha_s)e^{r_1\varphi_t}-(r_1+\alpha_s)e^{r_2\varphi_t}]\right\}\\
N_{sr} &= -N_{cr}\\
M_{sr} &= -M_{cr}+N_{cr}\cdot R
\end{aligned}\right\}\quad(2.18)
$$

参考文献

[1] Xiang Yiqiang, Li Shaojun, Liu Lisi. Long-term performance of multi-box composite bridges under transverse prestressing[J]. Journal of Zhejiang University (Engineering Science), 2015, 49(5): 956-962.

[2] Ban H, Uy B, Pathirana S W. Time-dependent behaviour of composite beams with blind bolts under sustained loads[J]. Journal of Constructional Steel Research, 2015, 112(112): 196-207.

[3] Chen Liang, Shao Changyu. Influential laws of concrete shrinkage and creep of composite girder cable-stayed bridge[J]. Bridge Construction, 2015, 45(1): 74-78.

[4] Dias M M, Tamayo J L P, Morsch I B. Time dependent finite element analysis of steel-concrete composite beams considering partial interaction[J]. Computers and Concrete, 2015, 15(4): 687-707.

[5] 杨健辉，汪洪菊，王建生，等. 高强混凝土收缩徐变试验及模型比较分析[J].工业建筑，2015(3):120-125.

[6] 吴俣，邓青儿，于洋.桥面板混凝土理论厚度对组合梁桥收缩徐变的影响分析[J].城市道桥与防洪，2015(3): 147-151.

[7] 王春晖.收缩徐变对组合梁受力性能的影响研究[J].公路交通科技:应用技术版，2015(6):254-256.

[8] 苏庆田，戴昌源，许园春.分离式双箱组合梁斜拉桥收缩徐变效应分析[J].结构工程师，2015(3):56-62.

[9] 卢志芳，刘沐宇，李倩.考虑温度和湿度变化的钢-混组合连续梁桥徐变效应分析[J].中南大学学报:自然科学版,2015(7):2650-2657.

[10] 陈哲武，张鲲鹏.钢-混凝土组合梁收缩徐变分析方法[J].低温建筑技术，2015(7):45-47.

[11] 陈亮，邵长宇.结合梁斜拉桥混凝土收缩徐变影响规律[J].桥梁建设，2015(1): 74-78.

[12] 周履.收缩 徐变[M].北京:中国铁道出版社,1994.

[13] 黄国兴.混凝土徐变与收缩[M].北京:中国电力出版社, 2012.

[14] 薛伟辰, 孙天荣, 刘婷.2 年持续荷载下城市轻轨预应力钢-混凝土组合梁试验研究[J].土木工程学报,2013(3):110-118.

[15] 王文炜, 翁昌年, 杨威.新老混凝土组合梁混凝土收缩徐变试验研究[J].东南大学学报:自然科学版, 2008,38(3): 503-512.

[16] Zhang Shibo, Wang Ronghui, Zhang Junping.Stiffness correction method for long-term deflection calculation of steel-concrete composite beam bridge [J]. Innovation & Sustainability of Structures, 2009(1):1272-1277.

[17] Xue Weichen, Ding Ming, He Chi, et al.Long-term behavior of prestressed composite beams at service loads for one year[J].J Struct Eng-Asce, 2008, 134(6): 930-937.

[18] Maovic S R, Stoic S R, Pecic N P.Research of long-term behaviour of non-prestressed precast concrete beams made continuous[J].Engineering Structures, 2014(7): 11-22.

[19] Kanocz J, Bajzecerova V.Parametrical analysis of long-term behaviour of timber-concrete composite bended elements[J].Wood Research, 2014, 59(3): 379-388.

[20] Gholamhoseini A, Gilbert I, Bradford M. Time-dependent deflection of composite concrete slabs: A simplified design approach [J]. Australian Journal of Structural Engineering, 2014, 15(3): 287-298.

[21] Gholamhoseini A, Gibet I, Bradford M.Creep and shrinkage effects on the bond-slip characteristics and ultimate strength of composite slabs[J].Journal of Civil Engineering and Architecture, 2014, 8(9): 1085-1097.

[22] Dereti S B, Kosti S M.Time-dependent analysis of composite and prestressed beams using the slope deflection method[J].Archive of Applied Mechanics, 2014, 85(2): 257-272.

[23] Arangjelovsk T, Markovsk G, Mar P.Influence of repeated variable load on long-term behavior of concrete elements[J].Journal of Civil Engineering and Architecture, 2014, 8(3): 302-314.

[24] 贡金鑫.现代混凝土结构基本理论及应用[M].北京:中国建筑工业出版社, 2009.

[25] 陈德坤.钢-混凝土组合结构的应力重分布与蠕变断裂[M].上海:同济大学出版社, 2006.

[26] 张宇峰, 周霆.钢-混凝土组合梁的滑移及徐变和收缩对变形的影响[J].四川建筑,

2003, 23(1): 31-32.

[27] 王连广.钢与混凝土组合结构理论与计算[M].北京:科学出版社, 2005.

[28] GB 50017—2003.钢结构设计规范[S].北京:中国计划出版社,2003.

[29] 王元丰.钢管混凝土徐变[M].北京:科学出版社, 2006.

[30] 聂建国, 刘明, 叶列平.钢-混凝土组合结构[M].北京:中国建筑工业出版社, 2005.

[31] Liu Xinpei, Erkmen R E, Bradford M A. Creep and shrinkage analysis of curved composite beams with partial interaction [J]. International Journal of Mechanical Sciences, 2012, 58(1): 57-68.

[32] Sullivan R W. Using a spectrum function approach to model flexure creep in viscoelastic composite beams[J]. Mechanics of Advanced Materials and Structures, 2012, 19(1-3): 39-47.

[33] Wu Haijun, Gao Yu, Lu Ping. Analysis of shrinkage and creep effect on improved truss composite arch bridge [A]. Proceedings of the 2011 International Conference on Civil Engineering and Building Materials[C]. Kunming, China: Trans Tech Publications, 2011(7):2100-2108.

[34] Wang Wenwei, Dai Jianguo, Li Guo, et al.. Long-term behavior of prestressed old-new concrete composite beams[J]. Journal of Bridge Engineering, 2011, 16(2): 275-285.

[35] Si X T, Au F T K. An efficient method for time-dependent analysis of composite beams [J]. Procedia Engineering, 2011, 14: 1863-1870.

[36] Erkmen R E, Bradford M A. Time-dependent creep and shrinkage analysis of composite beams curved in-plan[J]. Computers & Structures, 2011, 89(1/2): 67-77.

[37] Chowdhary P, Sharma R K. Evaluation of creep and shrinkage effects in composite tall buildings[J]. Structural Design of Tall and Special Buildings, 2011, 20(7): 871-880.

[38] Au F T K, Si X T. Accurate time-dependent analysis of concrete bridges considering concrete creep, concrete shrinkage and cable relaxation[J]. Engineering Structures, 2011, 33(1): 118-126.

[39] Safst A D, Ranzi G, Vrcelj Z. Shrinkage effects on the flexural stiffness of composite beams with solid concrete slabs: An experimental study[J]. Engineering Structures, 2011,33(4): 1302-1315.

[40] Safst A D, Ranzi G, Vrcelj Z. Full-scale long-term experiments of simply supported composite beams with solid slabs[J]. Journal of Constructional Steel Research, 2011,

67(3):308-321.

[41] 傅作新.工程徐变力学[M].北京:水利电力出版社, 1985.

[42] 中国科学院土木建筑研究所,译.混凝土的徐变问题[M].北京:科学出版社, 1962.

[43] (苏)乌利茨基,И.И.混凝土的徐变[M].北京:建筑工程出版社, 1959.

[44] EN 1992-1-1 Eurocode 2: Design of concrete structures - part 1-1: General rules and rules for buildings [S]. Brussels, Belgium: European Committee for Standardization (CEN),2004.

[45] BS EN 1994-1-1 Eurocode 4: Design of composite steel and concrete structures part1-1: General rules and rules for buildings[S].London:British Standards Institution,2004.

[46] FIP-MC 2010 Fib model code for concrete structures 2010[S].Switzerland:the Ernst & Sohn publishing house,2013.

[47] DIN 1045-1 Plain, reinforced and prestressed concrete structures part 1: Design and construction[S].Berlin:Beuth Verlag GmbH,2001.

[48] JTG D62—2004 公路钢筋混凝土及预应力混凝土桥涵设计规范[S].北京:人民交通出版社,2004.

[49] GB 50010—2010 混凝土结构设计规范[S].北京:中国建筑工业出版社,2010.

[50] AASHTO LRFD-2007 Aashto lrfd bridge design specifications [S]. Washington D C,2007.

[51] ACI 209 R-92 Prediction of creep, shrinkage and temperature effects in concrete structures[S].Detroit:American Concrete Institute,1992.

[52] JSCE Standard specification for concrete structures, structural performance verification [S].Tokyo:Japan Society of Civil Engineers,2002.

[53] Comite Euro-International Du Beton. Ceb-fip model code 1990 [S]. London: Thomas Telford,1993.

[54] Zehetmaier K Z G. Bemessung im konstruktiven betonbau [M]. München: Springer-Verlag, 2010.

[55] Iliopoulos A.Kriechbeiwerte für die berechnung von verbundträgern[M].Berlin:Ernst & Sohn Verlag 2006:375-379.

[56] Hannawald F.Zur physikalisch nichtlinearen analyse von verbund-stabtragwerken unter quasi-statischer langzeitbeanspruchung[D].Dresden:Technischen Universität Dresden, 2006:11-22.

[57] Iliopoulos A. Zur gebrauchsfähigkeit von verbundträgern mit nachgiebiger verdübelung [D].Bochum: Ruhr-Universität Bochum 2005.

[58] Dischinger F. Untersuchungen über die knicksicherheit, die elastische verformung und das kriechen des betons bei bogenbrücken[J].Der Bauingenieur, 1937, 3(4): 33-34.

[59] Rüsch H, Jungwirth D, Hilsdorf H.Kritische sichtung der verfahren zur berücksichtigung der einflüsse von kriechen und schwinden des betons auf das verhalten der tragwerke [J].Beton-und Stahlbetonbau, 1963, 68(3): 49-76.

[60] Trost H.Auswirkungen des superpositionsprinzips auf kriech-und relaxationsprobleme bei beton und spannbeton[J].Beton-und Stahlhetonbau, 1967, 62(10): 230-261.

[61] Bazant Z P. Predictlon of concrete creep effects using age-adjusted effective modulus method[J].Journal of the American Concrete Institute, 1972, 69(1): 212-217.

[62] 王文炜，何初生，冯竹林，等.钢-混凝土组合梁混凝土收缩徐变的增量微分方法[J].东南大学学报:自然科学版，2010，40(6)：1252-1256.

[63] Shao Xuedong, Wang Haibo, Zhao Hua, et al.. Experimental study on multicantilever prestressed composite beams with corrugated steel webs [J]. Journal of Structural Engineering, 2010, 136(9): 1098-1110.

[64] Pulngern T, Chucheepsakul S, Padyenchean C, et al.. Effects of cross-section design and loading direction on the creep and fatigue properties of wood/pvc composite beams [J].Journal of Vinyl and Additive Technology, 2010, 16(1): 42-49.

[65] Hamed E, Bradford M A.Creep in concrete beams strengthened with composite materials [J].European Journal of Mechanics - A/Solids, 2010, 29(6): 951-965.

[66] Haan F L, Balaramudu V K, Sarkar P P. Tornado-induced wind loads on a low-rise building[J].Journal of Structural Engineering, 2010, 136(1): 106-116.

[67] Sakr M A, Sakla S S S.Long-term deflection of cracked composite beams with nonlinear partial shear interaction-a study using neural networks [J]. Engineering Structures, 2009, 31(12): 2988-2997.

[68] Sakr M A, Sakla S S S.Long-term deflection of cracked composite beams with nonlinear partial shear interaction: I - finite element modeling[J].Journal of Constructional Steel Research, 2008, 64(12): 1446-1455.

[69] Rodriguez-Gutierrez J A, Aristizabal-Ochoa J D. Short- and long-term deflections in reinforced,prestressed,and composite concrete beams[J].Journal of Structural Engineering,

2007, 133(4): 495-506.

[70] Wang Lianguang, Liu Li, Cui Jingqi. Analysis of creep effect on prestressed steel composite beams with high-strength concrete[J]. Dongbei Daxue Xuebao/Journal of Northeastern University, 2005, 26(7): 695-698.

[71] Ranzi G, Bradford M A. Analytical solutions for the time-dependent behaviour of composite beams with partial interaction[J]. International Journal of Solids and Structures, 2006, 43(13): 3770-3793.

[72] Dezi L, Gara F, Leoni G.Construction sequence modelling of continuous steel-concrete composite bridge decks[J].Steel Compos Struct, 2006, 6(2): 123-138.

[73] Chen Xiaodong, Chen Lisha, Ye Guiru.Creep analysis of steel concrete composite girder bridges by the method of 3 d-vle [M]. Chinese Journal of Computational Mechanic. 2006: 470-475.

[74] Chen Shimin. Discussion of "long-term analysis of steel-concrete composite beams: Fe modeling for effective width evaluation"[J]. Engineering Structures, 2008, 30(2): 570-572.

[75] 叶列平，孙海林，丁建彤.Hslwac 梁收缩和徐变预应力损失试验[J].东南大学学报:自然科学版，2007，37(1)：94-99.

[76] Pisani M A.Long-term behaviour of beams prestressed with aramid fibre cables part 2: An approximate solution[J].Engineering Structures, 2000, 22(12): 1651-1660.

[77] 孙锋，潘蓉，孙运轮.单侧钢板混凝土空心组合板受力性能非线性有限元试验模拟[J].工业建筑，2014(12)：36-40.

[78] 樊建生，聂建国，王浩.考虑收缩、徐变及开裂影响的组合梁长期受力性能研究(1)-试验及计算[J].土木工程学报，2009，42(3)：8-15.

[79] 聂建国，李绍敬，李晨光，等.预应力钢-混凝土连续组合梁内力重分布试验研究[J].工业建筑，2003，33(12)：12-17.

[80] Macorini L, Fragiacomo M, Amadio C, et al.. Long-term analysis of steel-concrete composite beams: Fe modelling for effective width evaluation[J]. Engineering Structures, 2006, 28(8): 1110-1121.

[81] Gara F, Ranzi G, Leoni G.Time analysis of composite beams with partial interaction using available modelling techniques: A comparative study[J].Journal of Constructional Steel Research, 2006, 62(9): 917-930.

[82] Ranzi G, Bradford M A, Uy B.A general method of analysis of composite beams with partial interaction[J].Steel & Composite Structures, 2003, 3(3): 169-184.

[83] Ranzi G, Ansourian P, Zhang Shimin, et al.Time-dependent behaviour of multi-layered composite beams with partial shear interaction[M].2006.

[84] Ranzi G, Ansourian P, Gara F, et al..Partial interaction analysis of composite beams accounting for time effects: Evaluation of displacement-based formulations[M].2006.

[85] Ranzi G. Short- and long-term analyses of composite beams with partial interaction stiffened by a longitudinal plate[J].Steel Compos Struct, 2006, 6(3): 237-255.

[86] Liu Xinpei, Bradford M A, Erkmen R E.Time-dependent response of spatially curved steel-concrete composite members.Ii: Curved-beam experimental modeling[J].Journal of Structural Engineering, 2013, 139(139): 1-8.

[87] 樊建生，聂鑫，李全旺.考虑收缩、徐变及开裂影响的组合梁长期受力性能研究(2)-理论分析[J].土木工程学报，2009，42(3)：16-22.

[88] 聂建国.组合梁斜拉桥收缩徐变效应分析，全国钢结构学术年会论文集[C].北京：中国钢结构协会，2010.

[89] 程海根，于延楼，洪宜峰.钢-混凝土组合梁考虑滑移时收缩徐变应力分析[J].公路交通科技，2011，73(1)：111-114.

[90] 苗林，陈德伟.考虑剪力滞后效应结合梁的长期性能计算[J].工程力学,2012,29(9):252-258.

[91] 赵刚云，向天宇，徐腾飞,等.钢-混凝土组合梁收缩徐变效应的随机分析[J].计算力学学报，2014(1)：67-71.

[92] 杨建军.钢-混凝土组合梁徐变应力分析[J].交通科技，2014(3)：1-3.

[93] 王博，帅应魁.钢-混凝土叠合梁的收缩徐变计算分析[J].中国建材科技,2014(5)：89-93.

[94] 李达，牟在根.基于不同混凝土徐变模式的简支组合梁附加挠度分析[J].建筑科学，2014(5)：10-14.

[95] 李达，牟在根.简支组合梁长期变形下混凝土收缩模式研究[J].水利水运工程学报，2014，1(1)：56-61.

[96] 朱伯芳.关于“线性徐变问题的两个定理及对计算方法的简化”一文的讨论[J].力学学报，1995，27(6)：759-760.

[97] Haensel J.Effects of creep and shrinkage in composite construction[D].Ruhr:University

of Bochum,1975.

[98] 张祥.常微分方程[M].北京:科学出版社，2015.

[99] Bazant Z P.Prediction of concrete creep and shrinkage: Past, present and future[J]. Nuclear Engineering and Design, 2001, 203(1): 27-38.

[100] 李晓春.基于 ansys 的混凝土早期徐变应力仿真分析[J].系统仿真学报，2008, 20(15):3944-3947.

[101] 牛艳伟，石雪飞，阮欣.混凝土结构三维徐变的有限元计算方法[J].同济大学学报:自然科学版，2009, 37(4): 475-480.

[102] 陈松.基于多孔介质理论的混凝土徐变力学行为的有限元分析[J].固体力学学报，2009, 30(5): 522-526.

[103] 范锋.上海环球金融中心施工竖向变形分析[J].建筑结构学报，2010, 31(7): 118-124.

[104] Sairaj P, Padmanabham K.Performance based seismic design of braced composite multi storied building [J]. International Journal of Innovative Research in Science, Engineering and Technology, 2014, 3(2):9545-9553.

[105] Fragiacomo M, Amadio C, Macorini L.Finite-element model for collapse and long-term analysis of steel-concrete composite beams[J].Journal of Structural Engineering, 2004, 130(3): 489-497.

[106] Cas B, Saje M, Planinc I.Non-linear finite element analysis of composite planar frames with an interlayer slip[J].Computers & Structures, 2004, 82(23-26): 1901-1912.

[107] Fragiacomo M, Amadio C, Macorini L.Numerical evaluation of long-term behaviour for continuous steel-concrete composite beams[M].2000: 258-266.

[108] Destrebecq J F, Jurkiewiez B.A numerical method for the analysis of rheologic effects in concrete bridges [J]. Computer-Aided Civil and Infrastructure Engineering, 2001, 16(5):347-364.

[109] 邱文亮，姜萌，张哲.钢-混凝土组合梁收缩徐变分析的有限元方法[J].工程力学，2004, 21(4):162-166.

[110] 姜亚鹏，刘小洁.钢-混凝土组合箱梁徐变效应有限元分析[J].交通科技与经济，2010, 57(1):87-92.

[111] 陶慕轩，聂建国.预应力钢-混凝土连续组合梁的非线性有限元分析[J].土木工程学报，2011, 44(2):8-14.

[112] 穆霞英.金属蠕变[M].西安:西安交通大学出版社, 1990.
[113] 姜亚鹏.钢-混凝土组合箱梁的长期性能研究[D].长沙:中南大学,2010.
[114] GB/T 50082—2009 普通混凝土长期性能和耐久性能试验方法[S].北京:中国建筑工业出版社,2010.
[115] GB/T 50081—2002 普通混凝土力学性能试验方法标准[S].北京:中国建筑工业出版社,2003.
[116] GB/T 2975—1998 钢及钢产品力学性能试验取样位置及试样制备[S].北京:中国标准出版社,1998.
[117] GB 228—1976 中华人民共和国国家标准金属拉力试验法[S].北京:中国标准出版社,2002.
[118] GB 6397—1986 金属拉伸试验试样[S].北京:中国标准出版社,1986.
[119] GB 228.1—2010 金属材料拉伸试验第 1 部分:室温试验方法[S].北京:中国标准出版社,2011.
[120] 杨建军.二次预应力混凝土组合梁徐变效应研究[D].长沙:湖南大学,2009.